U0384626

# 作 者 简 介

李晔　研究员,博士生导师。山东省青年联合会第十三届、十四届委员会常务委员,山东省优秀科技工作者,泰山学者青年专家,山东省决策咨询委员会专家,山东省智库决策咨询专家,济南市青年联合会第十二届委员会副主席,山东省直机关青年联合会副主席,山东省高等学校"青创科技计划"创新团队负责人,山东省科学院中青年学术带头人。现任山东省科技发展战略研究所所长,齐鲁工业大学(山东省科学院)经济与管理学部主任、管理学院院长、金融学院院长,兼任山东计算机学会副理事长、山东科学学与科技管理研究会会长。曾任山东省计算中心副主任、山东省计算机网络重点实验室主任。2000 年考入清华大学电子信息工程系,2004 年获通信工程专业学士学位,并免试推荐攻读同专业博士研究生,2009 年获得清华大学信息与通信工程学科博士学位。主持或承担国家重点研发计划、科技部国际合作重大专项、国家自然科学基金、国家重点研发计划子课题、山东省重点研发计划、山东省社会科学规划研究重点委托项目、山东省软科学重大重点项目、安全部 115 基金等省部级以上项目 10 余项,发表论文 80 余篇,出版专著 3 部,获得发明专利授权 20 余项。获国家保密科技奖三等奖 1 项,山东省科技进步奖三等奖 1 项、山东省高等教育教学成果奖一等奖 1 项、山东省科普奖 1 项、山东省科学院科技进步奖二等奖 1 项、山东省科学院专利二等奖 1 项、山东省工业与信息化领域优秀调研报告与研究成果二等奖 1 项,获山东省直机关优秀共产党员、山东省直机关道德模范、齐鲁最美青年(提名奖)等荣誉称号。

刘阳荷　现任山东省科技发展战略研究所、齐鲁工业大学(山东省科学院)经济与管理学部助理研究员,主要从事制度经济学、数字经济理论与实践等方面的研究。2011 年毕业于中山大学岭南学院,获经济学学士学位。2017 年毕业于山东大学经济研究院,获经济学博士学位。代表文章为《区块链的制度属性和多重制度功能》《区块链赋能公共卫生体系建设:路径及作用机制》《智能合约环境下最优合同的实现机制》《数据要素的价值实现与市场化配置》《数据驱动数实融合的机制分析与深度衡量》。

**刘心田**　现任山东数据交易有限公司首席专家,山东省数据要素共同体专家咨询委员会秘书长,山东数创共同体科技有限公司首席数据官。曾任山东数据交易有限公司执行总经理,山东数据交易流通协会秘书长。1998年毕业于浙江大学,2005年起进入大数据领域,先后从业石油化工网、

中国化工网、找油网、金联创等专业数据信息平台,生意社创始人,设计推出了 CCI(commodity confidence index,商品信心指数)、FPI(future price index,未来价格指数)等大宗商品指数,著有市场数据研究专著《市场＋》,商务部特聘专家、上海对外经贸大学客座教授。2020年,加入山东数据交易有限公司,成为创始团队成员,在山东省大数据局、山东产权交易集团领导下开展了高水平建设全省统一的大数据交易中心的各项工作,组织建设了山东数据交易平台、山东数据创新应用平台、山东省工业大数据交易平台,并深度参与了山东省数据要素共同体、山东数据交易流通协会的组织、建设工作,是山东省开展数据创新应用、数据交易流通的实践者之一。

**张华庆**　经济学硕士,高级审计师。现任山东发展投资控股集团有限公司党委委员、副总经理,山东省丝路投资发展有限公司董事长,山东省社会责任研究会副会长。在山东发展投资控股集团任职期间,通过精细化股权管理和投资策略加强基石类项目管理,促进公司实现股权结构的优化和资产价值的最大化;牵头制定一系列高效回收策略,成功回收大量不良债权,有效提升资产质量;推动山东省丝路投资公司实业化转型,实现了从单一投资向多元化实业经营的转变。在理论研究方面,始终专注于要素市场化配

置、数据要素价值实现、新形势下审计理论和方法等方面的研究。2019年以来,以第一作者身份在《求索》《东岳论丛》《江海学刊》发表《区块链对要素市场化配置的变革性影响及作用机理》《数据要素的价值实现与市场化配置》《智能合约环境下最优合同的实现机制》等CSSCI收录的核心期刊论文。同时,聚焦国有企业改革转型和产业发展,牵头撰写了《山东省垃圾焚烧发电行业市场情况调研》《关于数字经济助推绿色产业创新发展的思考》《关于废旧轮胎资源化综合利用的调研报告》《微生物技术在推动面源污染治理与生态循环产业发展方面的应用研究》等多篇产业调研报告,为企业转型发展提供战略决策支持,助力推动市场改革理论研究与公司发展实践相互融合,取得积极成效。

# Data Circulation
## Fundamental Knowledge and Practice

# 数据流通
## 基础知识及实践

李晔　刘阳荷　刘心田　张华庆　著

清华大学出版社
北京

## 内 容 简 介

数据流通是数字经济时代的核心特征。伴随着新一代信息技术的发展,数字经济崛起,数据在社会和经济生活中得到广泛且深入的应用,数据价值持续释放,数据的共享、开放和交易成为新常态。

本书首先从数字经济的内涵和总体发展态势着手,为理解数据在现代经济中的角色奠定了基础。随后,本书对数据流通、数据成为新型生产要素的关键支撑即数字化技术进行了介绍。基于上述背景,本书切入数据流通的主题,探讨数据的价值来源与实现路径、数据在经济活动和社会活动中的作用,呈现数据流通的内在机理和应用场景。数据交易是数据流通的重要形式与必然趋势,这就涉及数据流通的市场生态体系和市场机制建设,本书从数据交易的参与主体、交易场所、产权界定与保护、估值和定价等维度展开探讨。最后,本书以数据流通的现状、挑战、应对措施和展望作为总结。

**图书在版编目(CIP)数据**

数据流通:基础知识及实践 / 李晔等著. -- 北京:清华大学出版社,2024.10. -- ISBN 978-7-302-67478-8

Ⅰ. TP274

中国国家版本馆 CIP 数据核字第 2024HY9029 号

**责任编辑:**刘 杨
**封面设计:**何凤霞
**责任校对:**赵丽敏
**责任印制:**沈 露

**出版发行:**清华大学出版社
  网 址:https://www.tup.com.cn,https://www.wqxuetang.com
  地 址:北京清华大学学研大厦 A 座      邮 编:100084
  社 总 机:010-83470000      邮 购:010-62786544
  投稿与读者服务:010-62776969,c-service@tup.tsinghua.edu.cn
  质量反馈:010-62772015,zhiliang@tup.tsinghua.edu.cn

**印 装 者:**三河市东方印刷有限公司
**经 销:**全国新华书店
**开 本:**170mm×240mm      **印 张:**7.25      **插 页:**1      **字 数:**139 千字
**版 次:**2024 年 10 月第 1 版      **印 次:**2024 年 10 月第 1 次印刷
**定 价:**36.00 元

产品编号:105914-01

## 推动数据高效流通，驱动经济社会高质量发展

似乎一夜之间，数据炙手可热，从学术界到产业界，从国家到地方，都给予了极大的关注。数据的大规模可获得推动科研范式向数据密集型和数据驱动型转变，并引发自然语言理解、图像识别、语音识别、人工智能在内的众多研究领域的颠覆式创新，相关成果车载斗量。难能可贵的是，很多成果在从学术界提出到产业界落地的过程中展现出巨大潜力，引发大家对政府、经济、社会的数字化转型期待，即数字政府、数字经济与数字社会。当前，数据已经成为一种全新的生产要素，党和国家把充分发挥数据要素价值提升至国家战略高度。聚焦数据要素价值实现，全国各地纷纷开展了实践探索。

数据能够成为继土地、劳动力、资本、技术这四大传统生产要素之后的第五大生产要素，得益于新一轮科技革命，尤其是新一代信息技术的蓬勃发展。以移动互联网、物联网为代表的网络技术使网络边界无限扩大、网络终端数量急剧增加，这些终端感知采集的数据通过先进的网络技术得以传输和汇聚，从而形成规模巨大、类型多样、极具价值的大数据，使全球进入数据的"泽它"（zetta）时代。与此同时，以传统数据中心、超算中心、智算中心以及量子计算机为代表的算力革命使大数据的高效存储与深度分析变得更加快捷。而借助于大数据和算力革命，以深度学习为代表的神经网络算法引发了新一轮人工智能浪潮，使人类社会步入智能时代。在智能时代，数据的隐私与安全问题变得更加突出，以区块链为代表的新一代信息技术则提供了安全保障。可以说，如果没有新一代信息技术的发展，数据就不可能在经济、社会等众多领域发挥巨大的作用。

新一代信息技术是数据成为生产要素的关键推动力，但数据要素驱动经济、社会高质量发展还存在很多难点与堵点。比如，在推动经济发展方面，数据要素有着不同于传统生产要素的独特特征，对传统产权、流通、分配、治理等制度提出了很多新挑战：传统权利制度框架难以突破数据产权困境，数据交易流通面临技术、标准、法律三大困境，数据要素定价理论体系和定价机制需要进一步完善等。此外，在社会治理过程中，由于数据资源分布在不同的部门和单位，各类主体很难充分推动数据共享和流通，从而形成众多的"数据烟囱"，使一些重要数据"热"不起来，很

难充分发挥作用。只有解决上述难点与堵点，数据资源优势才能真正转化为经济社会发展优势。为深化数据要素市场化配置改革，释放数据要素价值，中共中央、国务院印发了《中共中央 国务院关于构建数据基础制度更好发挥数据要素作用的意见》（即"数据二十条"），提出数据要素基础制度建设的工作原则是"在实践中完善，在探索中发展"。推动数据高效流通的研究和实践刚刚起步，充满机遇和挑战，需要包括政府、学术界、产业界在内的各方共同参与和协同努力。

本书主要围绕数据流通的底层技术、内在机理以及其在经济社会领域的应用场景展开论述，同时对数据流通的市场生态体系、机制进行了总结，数据流通还面临很多挑战，本书对此进行了梳理和展望。在本书编写和出版过程中，山东大学黄少安教授、山东数据交易有限公司彭勇董事长、山东数据交易有限公司季慧丽总经理、山东省数据要素创新创业共同体 CEO 韩正野提出了很多宝贵意见与建议，清华大学出版社刘杨编辑给予大量帮助，作者所在单位和课题研究组成员王晓丹、皮晓杨给予了大力支持，在此表示衷心感谢。本书相关研究成果得到山东省社会科学规划研究项目"山东省数据要素价值实现的内在机制与推进路径研究"（项目编号：23CSDJ13）、山东省重点研发计划（软科学项目）"产业链数字经济总部建设模式研究"（项目编号：2023RZB02016）、泰山学者专项经费（项目编号：tsqn202306253）、济南市市校融合发展战略工程项目"银发数字鸿沟破解体系构建与实施赋能老龄产业转型升级"（项目编号：JNSX2023042）的资助与支持。编写本书旨在与所有关注数据流通的读者探讨切磋，但是囿于编写人员的水平，书中难免有不足之处，恳请广大读者批评指正！

山东省科技发展战略研究所所长

齐鲁工业大学（山东省科学院）经济与管理学部主任　　　李　晔

2024 年 9 月 1 日于千佛山脚下

# 目 录

# 第1章

# 数字经济时代：数据流通的舞台

在当今的社会经济生活中，数据流通已经成为一个日益重要的话题。尽管它本身并非一个全新的概念，但随着数字化技术的爆发式发展和数字经济的快速扩张，数据流通越来越受到社会各界的广泛关注。数据流通规模的激增，与数字经济的发展密不可分。随着互联网、大数据、云计算和人工智能等数字化技术的进步，海量数据的收集、处理和分析成为可能，为数据流通提供了必要的技术基础。

在数字经济中，数据不仅是信息的载体，而且成为推动创新和提升竞争力的关键资产。组织、企业和个人对数据的需求急剧增长，这种需求催生并推动数据流通的市场化。数据流通不仅改变了商业模式，也重塑了行业结构，甚至影响了全球经济的运作方式。

在这种背景下，本章从数字经济的基础性内容出发，介绍数字经济的发展历程及其在社会经济活动中的融入；从数字经济的角度来探索和发现数据的价值，有利于理解数据流通的作用、复杂性和重要性，作为后续数据流通具体话题的背景。

## 1.1 数字经济的兴起与发展

数字经济的发展态势可以从时间和空间两个维度来看。在时间维度上，我们将纵向追溯数字经济从兴起至今的演进过程，了解在其发展的各个阶段，关键技术的创新和数字经济模式的转变。在空间维度上，本章横向分析了世界主要经济体中数字经济的现状和特点，得以比较不同国家和地区在数字经济发展上的策略与成就，了解数字经济的全球趋势和多样性。发展数字经济已经在全球范围内取得共识，成为各个国家以及各种国际组织关注的重点议题。

### 1.1.1  数字经济的演进历程

数字经济的发展历程与信息技术的演进和创新是一脉相承的。当前普遍提及的"新一代信息技术"或者"数字化技术"，都是已有信息技术的迭代升级或者创新融合应用。为了与传统信息技术区分，后文统一以"数字化技术"为"新一代信息技术"的表述。从计算机到互联网，再到移动互联网、物联网、人工智能和云计算等，每个阶段的技术突破都推动了数字经济的发展，并带来了新的商业机会和挑战，改变了社会经济生活的方方面面。

从广义上，数字经济的雏形可以追溯到计算机和互联网技术出现的早期阶段。20世纪40年代，世界上出现了早期的电子计算机，其中最著名的是英国的巨人/巨像计算机（colossus computer）和美国的埃尼阿克（ENIAC）。巨人/巨像计算机由英国于1943年至1945年开发，在第二次世界大战期间用于破解德国的军事通信密码。埃尼阿克于1946年启动，是世界上第一台通用计算机，用于进行科学研究和军事应用。这两台机器的出现是计算机科学和技术的重要里程碑，奠定了电子计算机的基础。历经十余年，1969年在美国国防部高级研究计划局（Defense Advanced Research Projects Agency，DARPA）资助下建成的阿帕网（ARPANET）被认为是互联网的最早形式，旨在建立一个分布式的计算机网络，用于研究机构之间的通信和资源共享。紧随其后，第一封电子邮件于1971年发送成功，1983年，互联网的标准通信协议传输控制协议/网际协议（TCP/IP协议）启用。1990年，万维网（World Wide Web）的概念由蒂姆·伯纳斯·李（Tim Berners-Lee）提出并于次年面向公众使用，标志着互联网从一个仅限于专业领域的工具演变为全球范围内的公共网络。可见，在计算机和互联网发展的早期阶段，它们的应用领域并未涉及大范围、大规模的经济活动，与人们的日常生活相关度较低。

20世纪90年代，互联网逐渐普及并开始商业化。例如，1994年亚马逊（Amazon）成立，这是互联网上电子商务的开端；亚马逊的产品范围不断扩大，由最初的在线书店发展为全球最大的线上零售商之一。1995年，在线拍卖和交易平台eBay成立，为个人和商家提供线上交易场所，推动了消费者对消费者（C2C）电子商务模式的发展。同年，在线支付服务提供商PayPal成立，其初始业务集中于电子商务交易的支付，为在线支付提供更安全和方便的解决方案。上述互联网商业化的早期应用，已经深深融入人们的日常生活。它们属于数字经济的范畴，而且是数字经济中不可或缺的基础性业务。

移动互联网的发展进一步推动了数字经济的发展。移动互联网指的是通过移动设备进行互联网访问并完成信息的交互。进入21世纪，移动设备如智能手机和平板电脑等普及率提高，越来越多的人可以通过移动设备随时随地访问互联网。

这扩大了数字经济的受众范围,允许更多人参与在线购物、移动支付、社交融媒等线上经济活动。移动设备应用的快速发展为数字经济创造了丰富的应用场景。各种类型的移动设备应用涵盖了电子商务、金融理财、旅游住宿、社交通信、科教文卫、运动健康等领域,使用户能够方便地接触各种数字化服务。移动互联网推动了移动支付的发展,人们可以通过移动设备进行便捷的支付和交易。移动支付突破了传统支付在时间、空间和方式上的限制,为电子商务与在线交易提供了更加灵活和便利的支付选择,促进了数字经济的增长。

数字化技术的推动和应用是数字经济突破式发展的根本源泉之一。近十年,物联网、大数据、云计算、人工智能、区块链等新一代信息技术为数据的采集、存储、处理和分析提供了强大的支撑,同时改变了传统产业的运作方式,推动了新的商业模式的涌现,促成了社会的数字化转型。相比传统经济模式,在数字经济中,数据不再仅仅是信息的载体,而成为经济活动的核心资源。数据被广泛应用于市场研究、产品设计、运营管理、决策支持等方面,而且数据本身具有经济价值,能够为企业和组织创造收益。

在这样的背景下,数字经济未来的走向越发明朗。数据的战略地位和价值在未来的经济体系中将进一步凸显,成为驱动创新和增长的关键因素。组织、企业和个人需要适应这一变化,深度挖掘数据潜力,利用数据驱动决策和优化流程。数据流通和数字化技术将继续深刻影响我们的经济生活,为我们开启更加智能、高效的数字化新时代。

## 1.1.2　世界各地的数字经济

数字经济已成为全球经济增长的重要引擎。全球范围内,各个国家或地区都积极参与数字经济的竞争,并且在这场数字化变革中展现出独特的发展脉络和特点。数字经济不仅是技术的进步,而且是各国文化、政策和经济基础的反映。

美国在全球数字经济中一直处于领导地位,这主要得益于其坚实的技术基础、深厚的创新氛围、丰富的投资资源和灵活的市场机制。美国家喻户晓的技术公司,如苹果(Apple)、谷歌(Google)、脸书(Facebook)、亚马逊(Amazon)和微软(Microsoft)等,都是相关技术的领跑者,它们不仅拥有强大的创新能力,而且占据了全球市场较为显著的份额。美国的高等教育体系、开放的文化环境和创新中心如硅谷,为其技术创新提供了肥沃的土壤。与此同时,风险投资和天使投资在美国非常活跃,为初创企业提供了丰富的资金来源。除此之外,美国政府在数据隐私、知识产权和竞争法方面都有着相对完善的法律体系。

中国的数字经济在全球背景下展现出独特的活力和创新力,其市场规模、技术实力和政策支持都使其成为数字经济的重要参与者。从市场规模来看,中国拥有世界上最多的互联网用户，这为各种数字化产品和服务提供了巨大的市场空间。中国是全球移动支付的领先者，支付宝、微信等支付平台不仅改变了人们的日常支付习惯，还进一步推动了金融科技的创新，如微众银行和蚂蚁集团等金融科技公司的崛起。中国拥有全球最大的电子商务市场，阿里巴巴、京东和拼多多等均有庞大的用户群体。电子商务的快速发展推动了物流、供应链和零售业的数字化转型。中国的数字化技术企业正在积极拓展海外市场；同时，中国是全球数字化产品和服务的重要消费市场。

亚洲地区是全球数字经济增长最快的地区之一。印度是全球领先的信息技术服务和软件开发外包目的地，印孚瑟斯（Infosys）、威普罗（Wipro）等公司均是全球范围的信息技术解决方案和服务供应商。总部位于印度的电子商务公司福力普卡特（Flipkart），可以与亚马逊等国际电子商务公司竞争，彰显印度本土电子商务的潜力。日本在智能制造、精密工程和机器人技术等多方面有其优势，例如，丰田汽车公司的"智能工厂"项目通过高度自动化和精益生产方法，实现了高效、柔性的生产流程，此经验成为智能制造的引领性案例。韩国在电子制造业的优势成为其发展数字经济的基础，特别是在半导体和显示器领域，三星（Samsung）、索尼（Sony）、松下（Panasonic）、乐金（LG）等公司均占有较大的全球市场份额。

欧洲国家通过传统优势和数字化创新的结合，同样在全球数字经济中占据了重要的地位。英国的优势在于其强大的金融服务行业，是全球金融科技（FinTech）的领先者，例如，瑞沃路特（Revolut）和蒙佐（Monzo）等数字银行在提供创新金融服务方面走在前列。德国是"工业4.0"概念的发源地，立足于其先进的制造业和工程技术，再结合数字化创新，在智能制造和工业互联网方面形成先发优势，例如，西门子的智能工厂和工业自动化在全球居领先地位。法国的优势如云计算，OVH云（OVHcloud）是欧洲最大的云服务提供商之一，而且是一个独立的云服务供应商，对于注重数据主权和本地化服务的客户尤为重要。瑞典也有良好的创新科技环境和创业文化，音乐流媒体服务Spotify就是从瑞典起步的成功案例。除此之外，欧盟的政策和倡议，如建立单一数字市场、实施《通用数据保护条例》（General Data Protection Regulation，GDPR）、推出数字欧洲计划等，都有利于欧洲数字化技术的创新、数字化转型、数据隐私和安全保护及数字经济的增长等。

拉美地区的数字经济也在快速发展。例如，巴西、墨西哥、阿根廷和智利等国家拥有庞大的互联网用户群体与数字化技术市场。中东和非洲地区的数字经济发展相对较慢，但近年来也有了显著的增长。阿拉伯联合酋长国的迪拜在区块链技术应用方面领先，致力于成为全球区块链技术的中心；沙特阿拉伯的利雅得在数字化基础设施上持续投入，包括高速互联网和移动通信技术等，为发展多元化经济打好基础，减少对石油的依赖。

从全球范围来看,数字经济的发展呈现出明显的地区差异。这些差异反映了不同国家和地区在技术基础、政策环境、市场需求以及文化背景上的多样性。发达国家往往在高端技术创新和数字化基础设施方面领先,而发展中国家则在适应本地市场需求的数字化解决方案上展现出独特优势。此外,不同地区在数字经济的监管政策、数据保护标准以及技术接受度上也存在显著差异。这些因素共同决定了各地区在数字经济中的特点和发展路径,构成了全球数字经济多元且复杂的格局。

### 1.1.3 发展数字经济的国际共识

数字经济在全球范围内呈现出快速增长、规模扩大、持续创新的趋势。不同地区的发展水平和重点领域可能有所不同且存在分布不均衡的现象,但数字化技术的应用和数字化转型已经成为世界各个国家的共识。数字经济的概念在国际组织发布的宣言或报告中均有体现。

二十国集团(Group of 20,G20)对数字经济的合作探讨始于 2016 年杭州峰会,自此之后数字经济就被列入每一年峰会的重要议题,并发表数字经济领域的宣言或倡议。2018 年,G20 布宜诺斯艾利斯峰会的"数字经济元首宣言"中,涉及数据在数字政府、消除数字化性别差异、数字经济测算和数字化基础设施建设中的作用。2019 年 G20 大阪峰会中,数据的跨境自由流动成为数字经济中的单列内容,与人工智能、治理创新、可持续发展、安全性和包容性等议题并列。2020 年,利雅得峰会特别提出了利用数字化技术和相关数字化政策来增强和加快各国之间在 COVID-19 大流行病问题上的合作应对。2021 年,罗马峰会进一步提出充分借力数字化以实现有韧性、强劲、可持续且包容的经济复苏。数字化已经渗透至社会生活的方方面面,数字经济已经成为全球经济体系不可或缺的一部分。

数据经济的用法也出现在部分研究报告中。联合国贸易和发展会议(United Nations Conference on Trade and Development,UNCTAD)发布的《数字经济报告 2021》,聚焦于数据的跨境流动和发展,并且以数据驱动的数字经济、数据经济来指代该主题下的研究。该报告认为数字经济的本质就是数据,任何产品或活动的数字化均需要转换为 0 和 1 的二进制呈现方式;而数据是所有能够迅速迭代的数字化技术的核心,如数据分析、人工智能、区块链、物联网、云计算以及其他基于互联网的服务等。欧盟以 2030 年为目标,确定了实现"数字化十年的欧洲方式"的若干路径,也提及了数据经济的概念。与联合国贸易和发展会议的用法不同,欧盟并未将数据经济等同于数字经济,而是指出两者之间的重合部分,提出"公平分享数据和数字化技术应用,是数字经济中新产品、新生产方式和新商业模式涌现的核心"。世界经济论坛(World Economic Forum,WEF)发布的《跨境数据流动路线图:面向新数据经济时代的准备与合作》(*A roadmap of cross border-data folws：future-proofing readiness and cooperation in the new data economy*)指出各国积极参与"构建数字经济空间的相互信任与促进本国数据经济"的相关政策制定,即考虑到数据公开与共享的安全性,数据经济在一个国家或组织内部更为成熟,这也解释了为什么跨境的数据流动成为国际社会数字经济合作的重要议题之一。

## 1.2　数字经济的内涵

数据是数字经济的核心。本节我们从数字经济的基本概念出发,明确其基本特征并指出数据在其中的作用,进而对广为提及的"数据驱动"这一用法做出解释,并结合具体事例来论述数据如何成为推动社会经济发展的关键因素。

### 1.2.1　数字经济的概念

国家统计局于 2021 年公布了《数字经济及其核心产业统计分类(2021)》,定义"数字经济是指以数据资源作为关键生产要素、以现代信息网络作为重要载体、以信息通信技术的有效使用作为效率提升和经济结构优化的重要推动力的一系列经济活动"。基于该定义可见,数字经济需要在数据资源、现代信息网络和信息通信技术的合力下获得发展,这三个方面在数字经济中的作用各有侧重,同时紧密联系在一起,互为支撑。

第一,信息通信技术是数字经济的底层支撑。数字经济的兴起源于信息通信技术的突破,新一代信息技术或数字化技术是较为常见的表述。互联网、移动通信技术等是传统信息通信技术的典型代表。新一代信息技术的诞生,一方面来自传统信息通信技术的迭代升级,如移动通信技术由第一代升级至第五代,也就是现今为大众所熟知的 5G 网络;另一方面则源于信息通信技术与多学科技术的创新性融合,物联网、大数据、云计算、人工智能、区块链等均为体现。

下文统一使用"数字化技术"来指代数字经济定义中的"信息通信技术"或者"新一代信息技术",并且与传统信息通信技术区分开来。数字化技术的有效使用,是数据成为生产要素以及现代信息网络得以构建的基础。而且,当前数字化技术对社会生产力和生产方式变革性影响的实现,需要各种数字化技术"齐头并进",其相互之间配合得越好,越能推进其在社会经济生活中的应用。

第二,现代信息网络连接起所有的数字经济参与主体,实现参与主体之间的信息交互。得益于数字化技术如物联网、5G 网络、人工智能等,越来越多的智能化物体加入现代信息网络之中,成为新的数字经济参与主体。智能化物体广泛地参与社会经济活动,对生产要素属性、生产效率和模式等均会产生影响。基于现代信息网络的信息交互，具有连接主体身份明确且唯一、不受时间和空间限制、可追溯、分类分级分权限共享等特点，这改变了数字经济参与主体之间的协作方式与效率。

第三，数据将社会经济的构成及关系全方位呈现出来，再合理运用算法为要素的流动与配置提供依据；算法的设计则以优化资源配置、兼顾效率公平等社会经济目标为原则。海量数据的采集、存储、分析、应用和反馈依靠数字化技术实现，这几个步骤又形成一个闭环，推进算法的持续优化以及数字化技术的持续迭代。

第四，无论是数字化技术、现代信息网络还是数据，实际上都可以看作推进整个社会数字化进程的工具，作用于各类经济活动，实现与实体经济和实际生活的融合，并且以"效率提升和经济结构优化"为目标。

## 1.2.2　数字经济的要点

在对数字经济的概念和本质有了上述了解之后，我们可以将数字经济的各个相关要素更加具体化，来理解其含义。数字经济根本上是通过应用数字化技术、借力于数据要素，提高经济运行效率、优化资源配置。

通俗而言，数字经济就是各类经济活动从数字化中受益。在数字化技术如人工智能、物联网、云计算和5G网络等的推动下，数据得以产生、采集、存储、传输和分析等，并且应用于和社会经济生活相关的各个领域。从广义上，基于数字化技术进行的经济活动，都可以被列入数字经济的范畴。数字经济以高效的信息流动、无边界的市场网络和创新的商业模式为特征，深刻影响各个行业和社会生活的方方面面。

综合数字经济的概念、演进历程以及发展现状，可总结出数字经济的要点如下。

第一，数字化技术是数字经济的底层支撑。数字化技术包括但不限于互联网、人工智能、大数据、物联网和区块链等，得益于上述技术的突破式发展数字经济才得以产生并获得进一步发展。数字化技术是数字经济以下几个要点得以实现的基础。

第二，数据是数字经济的核心驱动。海量数据的收集、存储、传输、分析和应用是数字经济不同于传统经济模式之处，以数据为基础的决策、创新和价值创造模式，带来了新的经济增长点。

第三，数字化技术和数据互为支撑。一方面，数字化技术是数据能够成为新型生产要素的根本原因。数据的收集、传输、处理和分析都需要不同的数字化技术及其相互配合。另一方面，数据是数字化技术的重要原材料，数字化技术需要数据作为其运行和应用的基础。例如，机器学习算法需要大量的数据来进行训练和学习，以便做出智能化的决策和预测。

第四，数字经济以现代信息网络为基础实现了万物互联的连接属性。主要基于互联网和物联网技术，物理世界与数字化世界得以连接起来，各种物体、智能化设备、计算机终端等彼此之间可以完成数据交换和通信，实现了人与人、人与物、物与物的相互连接，形成万物互联的空间结构和实时实地的信息传递模式。

第五，经济增长和社会福利提高是数字经济的发展目标。上述因素共同促成了数字经济的发展，这些因素相互交织，形成了一个互相促进的正循环，给数字经济带来了持续的增长和创新机会。全社会数字化程度提高、创新活动增加、产业结构优化、经济增长等，都是发展数字经济的结果与表现。

### 1.2.3　数字经济与数据驱动

"数据驱动"是数字经济的基石，以大数据时代海量数据的收集和应用为前提。从字面意思来理解，数据驱动即表明数据是事情进展的关键推动力。具体到数字经济，数据驱动是指基于大量收集和分析的数据来指导决策与行动的模式。作为以数字化形式呈现的各种类型的信息，数据成为数字经济核心驱动的根本原因在于其所蕴含的信息可以用于提升效率、优化结构。将采集到的数据存储起来，再结合具体的需求对数据进行处理和分析，就可以将纷繁复杂、杂乱无序的信息转化为有价值的信息，帮助人们做出更好的决策、发现新的商业机会、解决社会问题等。

尽管数据早已遍布全社会，其大规模、商业化的应用得益于数字化技术突飞猛进的发展才得以实现。只有借助于先进的数据分析技术，如大数据、人工智能和机器学习等，数据中隐藏的模式和趋势才得以发现，组织、企业或个人则可以基于数据分析所得结论做出科学有效的决策。因此，数据驱动经济增长的实现离不开数字化技术的支撑，数据驱动的背后是技术驱动。从经济学的视角，数据驱动即强调了数据成为生产要素，进入社会生产生活的各个方面，促成实体经济的高效和可持续发展。

数据在全社会各个领域都已经得到广泛且深入的应用。以商业领域为例，企业可以通过分析市场数据和消费者行为数据，了解市场需求和趋势，制定更加精准的产品和营销策略，提升市场竞争力。在科学研究领域，研究人员可以通过分析实验数据和文献数据，发现新的科学规律和现象，推动科学进步和技术创新。医学研究通常涉及大量数据的收集和分析，可以用于发现疾病的原因、预防和治疗方法；电子健康档案使得医疗保健专业人员能够跟踪患者的健康状况，了解他们的病史、药物治疗效果等，为人们提供更好的健康管理和监测服务。类似地，政府可以通过分析公共数据，了解社会问题和需求，制定更加有效的政策和措施，提高公共服务水平。数据在各个行业和领域中都扮演着重要的角色。数据的应用能够提供洞察力、支持决策、优化业务流程，从而推动创新和发展。

综合来看，数据驱动是数字经济的基本特征之一，强调了数字化时代数据作为新型生产要素、成为新型资产在社会生产生活中的普遍性，以及对数据充分开发应用有利于经济增长和社会福利的提高。在这样的背景之下，数据的流通成为必然趋势，并且内化于整个社会经济体系之中。

## 1.3　数字经济的普及与社会发展

数字经济相比传统经济模式有诸多创新之处，但无论哪种经济形态，都是植根于日常生活的方方面面，促成社会生产生活效率的提升，带来新的经济增长点。数字经济已经渗透到我们日常生活的各个方面，并重塑了我们的社会互动和经济行为。数字化技术的应用带来了社会生活中的数字化转型，促进了生活方式的多样化和便捷化；在经济领域，数字经济与实体经济的融合是未来经济发展的必然趋势，在改变传统行业、实现转型升级的同时，带来新的经济增长点。

### 1.3.1　社会全方位的数字化转型

数字经济的发展带动了整个社会的数字化转型。企业或组织是数字化转型的主要行为主体，面对日益发展的数字经济和数字化技术变革，企业通过采取一系列措施，以更好地应对和利用数字化技术与数据等，实现业务流程、运营方式和价值创造模式的明显甚至颠覆式变革。事实上，数字化转型不仅仅局限于企业和组织，它发生在社会生活的方方面面。数字化技术的快速发展和广泛应用正在影响每一个人的生活方式，嵌入社会全方位的互动之中。

对于个人所面临的数字化转型，体现为个人更多地依赖数字化技术来处理生活中的各个问题，并且已经潜移默化地参与数字化学习、工作、社交和娱乐等各类活动。这些变化反映了数字化时代生活方式和社会互动方式的变革。人们使用智能手机、平板电脑、智能手表等智能设备来管理日常事务、获取信息、与他人互动等已经非常普遍。通过使用智能设备，个人的社会活动和信息传播越来越多地在线上完成；个人的消费活动可通过电商平台、电子支付等完成；娱乐活动如在线观看电影、听音乐、玩游戏等也日趋普遍；工作和学习活动也可在线上完成，如视频会议、居家办公、在线培训等。个人生活的数字化转型已经深入生活的方方面面，当我们使用智能手机或平板电脑进行在线购物、支付账单、观看在线视频或参加线上会议时，实际上都是置身于数字经济之中。

企业的数字化转型在各个层面都会表现出对数字化技术的应用和整合，以实现更高效、更灵活和更具竞争力的运营模式。企业通过数字化转型探索新的商业模式，如共享经济、订阅服务、开发数字化产品等，以寻找增长机会和创新点。企业利用数字化技术重新设计和优化业务流程，以提高效率、减少流程中的瑕疵和浪费。自动化、智能化的流程能够更迅速、更精确地完成任务。企业与数字化技术供应商、产业链上下游合作，共同推动数字化转型，共享技术和资源。企业采用数据分析和业务智能工具，基于数据做出更明智的战略决策，从而更准确地预测市场趋势、优化运营等，实现数字化营销、客户体验改进、供应链优化等。作为市场主体，企业的数字化转型直接关系到数字经济的发展。

数字化转型在政府层面同样有体现。1.1 节对世界各地数字经济的介绍，已经展现出许多国家和地区正在采取各类措施，利用数字化技术和数据来改进政府服务、提高效率、增加透明度，以实现更好的社会治理和公共管理。一方面，政府需要制定相关政策和法规，引导和规范数字经济发展，并维护数据安全和保护个人隐私。另一方面，政府自身需要加强数字化能力建设，根据社会需求提供数字化基础设施和公共服务，以促进数字经济全面发展。政府采用电子政务平台提供在线服务，使企业和个人能够在线提交申请、查询信息、办理手续等，提高政府服务的便捷性；政府推出数字化身份认证系统，使公民能够在线进行身份验证，访问公共数据、办理所需要的业务。政府利用数据分析和人工智能来监测社会与经济状况，更有效地制定政策和规划；通过开放数据平台提供大量公共数据，促进创新、研究和社会参与；应用数字化技术改进城市基础设施、交通管理、环境保护等，实现智慧城市的建设和管理。政府数字化转型旨在通过数字化技术提高政府服务质量、提升效率、促进创新，以提升治理水平和效率。

随着数字经济的蓬勃发展，我们正在见证整个社会全面的数字化转型。无论是个人生活、企业运营，还是政府治理，数字化已成为一种不可逆转的趋势。在个人层面，数字化技术改变了人们的沟通、消费和工作方式；企业通过数字化实现了业务流程的优化和市场扩展，而政府则通过数字化提升了公共服务效率和透明度。在这个过程中，数据流通起到了关键作用。数据不仅是数字化转型的产物，也是推动进一步创新和发展的原动力。通过数据流通，个人、企业和政府能够更有效地获取信息，预测市场和社会的发展趋势，并且做出更加科学的决策。因此，数据流通在实现数字化社会的各个层面上，都扮演着至关重要的角色。

### 1.3.2 实体经济与数字经济的融合

实体经济通常被视为一个经济体的支柱，是经济体中创造真实价值的主要来源，涉及一个国家或地区真实的、实际存在的物质生产与交换活动，通常包括农业、制造业、建筑业、公共基础设施提供等实际生产和实物流通的经济活动。实体经济创造的商品和服务，为经济的可持续发展提供基础：农业如谷物、蔬菜、水果等基本农产品的种植，制造业如农副食品的加工、通用或专用设备的制造、电子设备的制造等,建筑业则包括房屋建筑、土木工程建筑、建筑装饰和装修等。实体经济能够满足人们的基本需求,创造就业机会,通常能够反映一个国家的生产能力、产业结构、就业水平和经济增长。与实体经济相对应的是虚拟经济,虚拟经济主要涉及虚拟商品、电子交易、金融衍生品等非实体、非物质的经济活动,具体内容如金融市场的运作、数字支付、软件开发、媒体内容传播等。虽然虚拟经济也有其重要性,但它的发展依赖实体经济为其提供的基础性支撑和依托,如信息基础设施、各类生产生活所需的设备设施等。没有健全完整的实体经济,虚拟经济很难获得可持续发展。

数字经济,尽管以非物质的数据资源为基础,但其影响和应用领域实际上跨越了实体与非实体的界限。与虚拟经济类似,数字经济的发展同样需要以实体经济为支撑,与此同时,数字经济会通过多种渠道直接或间接地影响实体经济的各个领域。因此,在讨论实体经济与数字经济的融合时,应注意两者之间的互补性和协同性。数字经济并非完全独立于实体经济,而是与之相辅相成,共同推动经济的持续发展和创新。数字经济和实体经济的深度融合可以从多个维度进行探讨。

从投入的角度来看,数字经济和实体经济在生产要素方面存在着融合。数字化技术和数据渗透到实体经济的各个方面,从而改变了生产要素的配置和使用方式,提高了企业的竞争力和适应性。在劳动要素方面,数字经济的发展改变了实体经济的人力资源需求,实体经济中的企业需要拥有数字化技术领域的专业人才,以便开发、维护和管理数字化的生产流程与商业模式。在资本要素方面,新兴资本会流入数字化领域,并进一步用于开发和应用数字化技术、数字化产品与数字化工具等,如各类软件和硬件的迭代升级等。在技术要素方面,数字经济和实体经济之间的融合要求实体经济企业将数字化技术融入从生产到销售的各个环节,并且实现数字化技术和传统专业技术的结合。在数据要素方面,实体经济能够受益于数据的应用,例如,实体经济中的生产和供应链管理可以通过数据分析来优化,从而提高效率和适应市场需求变化。在知识要素方面,实体经济需要培训员工以适应数字经济的发展,培训的内容包括数字化技术的应用,以及如何利用数字化工具提高生产效率和创新能力等。

从产出的角度来看,数字经济和实体经济的融合体现为更高效的生产、更多样化的产品和服务、更优质的用户体验以及更广阔的市场。这种融合使实体经济能够更好地适应数字化时代的发展趋势,从而实现可持续的增长和创新。自互联网诞生并且广泛地应用于社会经济活动以来,实体经济的市场边界就已经获得了极大的拓展,通过互联网和社交媒体,企业可以更轻松地将产品和服务推向全球市场,进行精准营销,与消费者进行更紧密的互动,为实体经济提供更多的市场拓展渠道。数字化技术和数据的应用使得需求更加明确,实现个性化定制,企业则可以根据消费者的个性化需求制订生产计划，整个市场的供给和需求得到更好的匹配。在生产环节，已经非常普遍的智能制造就是应用数字化技术带来的自动化、智能化生产方式，进而提高生产效率和质量，减少人力成本，提升生产过程的安全性。数字化增值服务的提供，既可在供应链管理中，各类数字化信息系统的搭建为精准高效的库存管理、物流路线规划以及交付时间的实现提供了基础，由此降低库存成本和运营风险，提高供应链的有效性和灵活性，以提升消费者的满意度和忠诚度，也可以为实体经济的产品增加附加值。数字经济催生了许多新的业务模式，实体经济能够借助于数字化技术创造共享经济、订阅服务、平台经济等新的商业模式，从而增加产出的种类和形式。在创新层面，通过应用数字化技术和数据分析，企业能够更快速地开发新产品、服务和业务模式，从而给生产、研发等带来质变。除此之外，数字化技术的应用也可以提高资源利用效率、减小对环境的影响，有利于可持续发展。

从经济活动的流程角度来看，数字经济与实体经济的融合深入各个环节。数字经济涉及数字化生产，通过大数据分析和智能化设备的匹配使用，传统制造业由自动化生产发展为智能化生产，生产效率和质量得以提高，进一步带来产业结构的优化与升级、带动经济增长。数字经济改变了交易和分配方式。电子商务和在线支付平台使得商品与服务的交易更加便捷和高效，优化供应链流程，促进跨境贸易的发展。数字经济还催生了数字化服务业。通过在线教育、远程医疗和虚拟办公等服务模式，数字经济提供了多样且极具灵活性的服务方式；同时创造了新的工作岗位，如数据分析师和网络营销师等。

综合来看，数字经济之所以能够影响实体经济，主要是因为它改变了信息流动、交易方式和生产方式，创造了新的商业机会和经济增长点，从根本上改变了实体经济的运行方式。发展数字经济是数字化技术与实体经济不断融合的过程，一方面将社会生活、实体经济映射至数字化网络空间，充分利用网络上信息交互不受时间和空间限制的便利，提高经济运行效率；另一方面带来生产要素的变化，集中表现为劳动要素的革新、数据要素的加入、知识要素的外溢传播等。随着数字经济与实体经济融合进程的深化，数据流通扮演的角色越发重要。此外，数据本身的买卖也成为一种新的经济活动，给各类企业带来了新的收入来源和增长点。因此，数据流通在数字经济与实体经济的融合中，不仅是一个关键的结合点，也是推动数字经济和实体经济协同发展所需。

# 第2章

# 数字化技术：数据流通的底层支撑

数字化技术是数据流通实现的基础性工具。数字化技术在技术的范畴之内。技术是引发人类历史上工业革命的原动力，是每个经济发展阶段的核心生产要素。第一次、第二次和第三次工业革命分别对应着蒸汽、电气和信息化经济时代，又分别受益于蒸汽机、电力内燃机以及计算机互联网技术的诞生与发展，而且前一阶段的核心技术又是下一阶段的必要基础。

数字化技术既是数字经济的引擎，也是数字经济的底层支撑。20世纪互联网和计算机的诞生，使得人类社会进入信息化时代，以信息交互不受时间和空间的限制为主要特点。数字化技术，也就是新一代信息技术，是既有信息技术的迭代升级和创新融合，将人类社会带入数字化时代。对比信息化时代，数字化时代的重心是从信息的交互中发现价值、创造价值，数字化技术是这一目标实现的必要条件。

数字化技术纷繁众多，可以划分为不同的标准。2.1节对新一轮科技革命的特点进行介绍，2.2节对大众所熟知的几种数字化技术进行介绍，并概述它们在数字经济中的基础性作用。2.3节以数据流通的需求为出发点，分类介绍专用性数字化技术。以专用性技术为基础，是各类融合性技术的实现，这在2.4节进行介绍。2.5节聚焦于数字化技术运行所需要的物理载体或设备。

## 2.1 新一轮科学技术革命的特点

在数字化技术的强劲推动下，新一轮科学技术革命呈现出以下特点：全联网、大数据、超算力、强智能、更虚拟、泛安全。具体来看，其分别为网络边界无限扩展、数据容量急剧暴增、计算能力快速增加、智能程度更加高级、虚实世界加快融合、安全防护更加广泛。

### 1. 网络边界无限扩展

1993年，乔治·吉尔德（George Gilder）提出了互联网三大定律之梅特卡夫定律(Metcalfe's law)：一个网络的价值等于该网络内的节点数的平方，而且该网络的价值与联网用户数的平方成正比。该定律以计算机网络先驱、3Com 公司创始人罗伯特·梅特卡夫(Robert Metcalfe)的姓氏命名，是对网络价值和网络技术发展规律的总结。从早期的局域网发展至全球互联网，再到当下的移动互联网、物联网，数字化技术的发展推动着整个世界进入一个前所未有的互联互通时代，网络边界无限扩展。

网络的边界既包括网络能够触及的最远地理距离，也涉及能够接入网络的主体。从地理空间上，网络边界由室内的连接一步步拓展至全球甚至是地球与外太空的连接；从连接主体上，由单纯的计算机之间的连接，成为人与人、人与物、物与物的连接。相比地理空间上的划分，如明确且精准的国界线、经纬度等，网络边界是模糊无形的。无线通信技术特别是 5G 网络是网络边界无限扩展的首要原因，从网络传输速度和质量上为网络边界的扩展提供了基础；物联网则将日常用品、工业设备、建筑物等都纳入网络，搭建起万物互联的数字化虚拟空间。数据传输类技术是网络边界扩展的底层支撑。

**2. 数据容量急剧暴增**

网络边界无限扩展，人与物接入互联网的方式越来越多样化且普遍化，从物体、个人、企业、组织以及政府机构等，数据量正在以前所未有的速度生成。数据容量急剧暴增成为数字化时代的又一个重要特征，而数据更是成为推动社会进步和经济发展的关键因素。国际数据公司(international data corporation，IDC)统计显示，全球近 90% 的数据将在这几年内产生，预计到 2025 年，全球数据量将比 2016 年的 16.1 ZB 增加 10 倍，达到 163 ZB。

从源头上，互联网、物联网接入范围的扩大和笔记本电脑、智能手机等移动设备的普及，使得几乎每个人都成为数据的生产者。在商业和工业领域的数字化转型也促成了数据量的激增，智能制造中的智能化生产设备、电子商务中的在线平台等，不仅提高了生产效率和交易效率，也产生了大量的操作数据、用户数据和交易数据等。与此同时，数据存储技术、云计算技术等的应用为海量数据的存储提供了空间和可行性。

**3. 计算能力快速增加**

海量数据能够被有效利用，需要有数据处理和分析技术的支持，由此产生了巨大的计算需求，促成了计算能力的提升以及算力基础设施的发展。超算、智算、通用算力以及边缘算力等的发展都为计算能力的快速增加贡献了力量。计算能力的提升重塑了整个社会的信息处理方式。

计算能力快速增加需要硬件和软件的双重驱动。在硬件方面，处理器的性能持续提升，特别是中央处理器(CPU)和图形处理器(GPU)的突破式发展。这些处理器的进步不仅体现在计算速度的提高上，还包括能效的优化和处理复杂任务的能力。此外，量子计算作为一种新兴技术，虽然处于发展初期，但其潜力巨大，未来可能在计算力上实现质的飞跃。在软件方面，云计算技术提升了计算资源的可访问性、降低了计算资源的使用成本。得益于云计算，个人用户、中小型企业等都能够以相对自己开发更低的成本来使用计算资源、处理复杂的计算任务，这都形成了对计算能力的巨大需求。

### 4. 智能程度更加高级

数据和计算能力为人工智能的发展提供了必要的原料和动力，带来了智能程度的持续提升。如今，"智能化"这一趋势已深入我们日常生活的各个方面。人工智能的概念在 1955 年由斯坦福大学名誉教授 John McCarthy 提出，他将其定义为"制造智能机器的科学和工程"，可使得机器像人类一样思考、理解、感知、学习、创造和解决问题等。

在过去的几十年里，人工智能从理论研究转变为实际应用，应用范围不断扩大、应用程度持续深化。人工智能已经在诸多方面超越了人类智能，如图像识别、自然语言处理等。从智能化程度上，也由弱人工智能（狭隘人工智能/应用人工智能）发展至通用人工智能，从处理单一或有特点的问题发展至跨领域各种问题的解决。事实上，具备智能化属性的设备都可以被列入人工智能的范畴，对数字化时代"机器人"的认知需要打破传统印象中的以人或者类似于人的形态出现的、具备自主行为能力的机器。在矿井中穿梭的无人驾驶矿车、仓库中自动运输和拣配的自动导引车（automated guided vehicle，AGV）、各种场景中的智能化终端等，都是人工智能的应用。

### 5. 虚实世界加快融合

元宇宙（Metaverse）的概念首次出现在 1992 年出版的美国科幻小说《雪崩》中：元宇宙是一个和现实世界平行的网络虚拟世界。应用数字化技术构建的这一网络虚拟世界，由现实世界映射或超越现实世界，同时可以与现实世界交互，成为具备新型社会体系的数字化生活空间。随着数字化进程的深入，现实世界和虚拟世界的界限日益模糊，生活工作方式、社会互动模式等都在随之而变。

数字孪生技术推动着现实世界向虚拟世界映射，这一概念的字面意思即很好地反映了其含义。通过数字化的手段创建出物理实体的副本，数字孪生使得这些副本能够对实体的状态和行为等实时反映或者模拟。对于新产品，可以通过创建其虚拟副本来测试其性能并实现进一步的优化。增强现实（AR）和虚拟现实（VR）为虚拟世界的行为活动提供了更真实的体验。对于计算机生成的图像、环境等，在增强现实和虚拟现实的帮助下，人们可以获得身临其境的体验感。这些技术的应用已经不限于电子游戏中的角色，还在教育、医疗、制造业等多领域发挥其作用。

### 6．安全防护更加广泛

"陆海空天网"的用法表明网络已经成为陆海空天之外的第五空间，是国家、企业、个人的重要活动空间。随着虚实融合速度的加快、程度的加深，对网络空间安全防护的重要程度不亚于现实生活的安全保障。与此同时，网络空间的运行方式与现实社会并不完全相同，其面临的安全威胁很有可能是前所未有的。互联网安全、数据安全等，都是网络安全防护所需。

网络安全问题并不是数字化时代的新问题。2007 年，攻击者入侵加拿大某水利控制系统，破坏了取水调度的控制计算机；2008 年，攻击者入侵波兰某城市地铁系统，通过电视遥控器改变轨道扳道器，致四节车厢脱轨；2010 年，伊朗政府宣布布什尔核电站员工电脑感染病毒，严重威胁核反应堆安全运营；2012 年，两座美国电厂遭 USB 病毒攻击，感染了每个工厂的工控系统，数据可能被窃取。以上都是网络空间运行面临的潜在威胁。

### 7．绿色底线日趋稳固

我国在第七十五届联合国大会上提出，将采取更加有力的政策和措施，二氧化碳排放力争于 2030 年前达到峰值，努力争取 2060 年前实现碳中和。党的二十大报告也提出"广泛形成绿色生产生活方式"。绿色化转型已经成为各行各业的重要发展方向。在推动绿色化转型的过程中，信息技术能够发挥重要作用，但与此同时，信息产业本身已是全球第五大耗能行业。举例来说，与 2019 年相比，2020 年我国通信网络耗电量增加了 14.6%。其中，5G 大规模商用影响直接。尽管 5G 能量价值远优于 4G，但高能耗也是不争的事实。目前来看，5G 因工作频段高，每基站的能耗为 4G 的 2～3 倍，而且估计 5G 基站总数为 4G 的 2～3 倍，由此得出总能耗可能为 4G 的 4～9 倍。在"碳达峰、碳中和"背景下，信息产业在助力千行百业数字化转型的同时，自身也需要向"绿色"转型。

## 2.2　数字化时代的核心技术

数字化技术是对传统信息化技术的延伸与拓展，是"一种或一组信息化技术"，聚焦于各种信息的数字化处理和应用，包括但不限于数据的采集（保真）、存储、管理、传输、分析（清理、处理）及共享（读取、保密），促成数据在经济活动中作用的发挥、使得数据成为生产要素。数据采集、存储、管理、传输、分析对数字化技术的需求形成了一个闭环：各个环节不是独立的，而是相互依赖的；不是串联关系，而是互为连接。厘清数字化核心技术之间的内在联系是为什么用、如何用的必要前提。

数字经济的运行以信息网络为载体。从信息化时代发展至数字化时代，信息网络由互联网、移动互联网，到当前的物联网。事实上，互联网依然可以作为信息网络形成的技术描述，只是物联网的用法更加形象，即网络连接的不仅是人与人，而且实现了人与物、物与物的连接。将网络连接主体的内容具体化，如机器、卫星和汽车等，就出现了工业互联网、卫星互联网和车联网等概念，这些均在物联网的范畴之内。

万物互联对于数字化时代、数字经济的意义，来自物体在社会经济生活中发挥着越来越重要的作用。未必所有的智能化物体都接入了物联网，但是已经接入物联网的物体都具有智能化属性。通常对智能化物体的理解，是其能够自主、自动完成原来由人类承担的劳动或活动，包括但不限于：①高重复性的劳动，如银行的自动存取款机器（ATM）；②极耗体力的劳动，如仓库的搬运机器人；③危险程度高的劳动，如矿井下的无人驾驶自动运输机车；④对人类思考能力的高度拓展，如战胜人类世界围棋冠军的机器人 AlphaGo。

智能化物体在信息化时代已经有了较为广泛的应用，其重要性在数字化时代得以凸显，除了其应用领域更广、应用水平更成熟，更是源于其获取信息能力的提升。智能化物体参与社会生产生活，成为"劳动力"的同时也产生了大量的信息，既包括其自身运行状态的信息，也有周边环境的信息。这些信息经过有针对性的处理，才能够转化为有价值的数据。智能化物体对人类劳动的替代实现了生产生活效率和安全性的提升；与此同时，参与信息网络，成为采集、处理、分析、应用数据的主体，是万物互联数字化时代相比信息化时代的进阶之处。

物联网技术使得物体能够接入网络，人工智能技术赋予了物体智能化属性，使物体能够像人类一样思考与行动。这两项技术的大规模应用都与信息传输技术的高度发展相关，在信息通信越顺畅的情况下，其应用效果就越好。以无线通信技术为例，随着第五代移动通信技术（5G）网络布局的越发完善，高速率、低延时和广覆盖的信息通信状况得以实现，智能化物体在"行动"的时候才能更流畅而不卡壳。智能化物体对短距离内信息的采集，依靠的是蓝牙、Wi-Fi 和 ZigBee 等短距离无线通信技术。广域网和局域网等信息传输技术水平的提升，是保障其他数字化技术顺畅运行的基础。

搭建信息网络的直接目标就是传输信息、利用信息，并以数据的形式呈现，有价值的数据是数字经济的核心生产要素。物联网技术、信息通信技术、人工智能技术等均有利于该目标的实现，表现在增加了信息来源、提升了信息传输速率、提高了信息分析水平等，实现了海量信息的收集、清理和分析，将繁杂的信息转换为有价值的数据，成为社会生产生活的决策依据，这就是大数据技术。

在数据发挥核心作用的情景下，保障和增强信息的真实性尤为重要，这应该作为一个必要前提。人依然是信息网络中的主体，这就意味着因为机会主义行为产生的伪信息依然有存在的可能，而且无法完全避免失误等非主观意愿导致的信息失真。尽管如此，区块链技术可以有效约束人的信息造假行为，最大限度地增强信息的真实性。以区块链为底层技术架构完成的数据生成、存储、传输、读取等，具有可追溯、不可无痕删除/修改等特点，实现了对数据的全生命周期留痕。因此，区块链无法判定初始信息的真假，但若是信息在使用过程中被发现是伪造的，则可以追溯到该信息的提供方，这是区块链约束信息造假行为的逻辑。

以上内容均反映了数字化技术在数字化时代、数字经济运行中的支撑性作用，物联网、人工智能、区块链、5G 网络是日常生活中经常被提及的几项核心技术。显然，数字化技术所涵盖的内容远远超过这几项技术；其中，部分数字化技术可以称为数字化基础设施，强调其在信息网络搭建过程中的基础性、通用性、不可或缺性。数字化基础设施与传统基础设施如水、电和道路等有类似之处，即它们是数字经济运行所必需的，但每个个体对其需求程度是有差异的。云计算技术实现了对数字化网络资源的"按需使用"，即并不需要信息网络中的所有参与者均成为数字化技术的开发者，而是可以根据自身的需求对数字化技术付费使用。这大大降低了应用数字化技术的门槛，将加速数字化技术的应用。

综合来看，相比信息化时代的网络，数字化时代的信息网络有以下迭代升级之处，这也对应着数字经济相比传统经济的变动。

（1）传输充分的、及时的、可信的数据是数字化时代信息网络的核心功能。相应地，充分的、及时的、可信的数据是数字经济的核心生产要素。

（2）数字化技术是数字化时代信息网络的底层支撑，可以按需使用。

（3）数字化时代信息网络所连接的主体范围扩大，越来越多的物体被接入，并且成为数据的采集方和使用方。相应地，数字经济的参与主体范围扩大，物体与自然人、法人等共同参与数字经济的建设。

数字化时代信息网络上述属性的实现，可以由上文提到的核心技术得到直观的解释。

（1）数字化时代信息网络的核心生产要素是？——大数据

（2）物体为什么能够且有必要成为数字化时代信息网络的参与主体？——人工智能

（3）物体如何接入数字化时代信息网络？——物联网

（4）数据的可信性何以增强？——区块链

（5）数字化基础设施如何实现随取随用？——云计算

在此强调三点，其一，以上三点属性在信息化时代并非不存在，而是没有凸显，得益于数字化技术的发展它们才在数字化时代信息网络中得以呈现，并且作用于社会经济生活。其二，数字化技术需要以"合力"促成以上三点属性的实现，某种数字化技术的落后会影响其整体性的应用。其三，数字化核心技术远不止于上文提到的几项,大数据、物联网、人工智能、区块链、云计算等自身也是多种数字化技术的融合。

在接下来的两节将对数字化技术进行分类阐述。物联网、人工智能、云计算和区块链,都由一组信息化技术构成,对应于不同的技术分层架构,并可以结构化地表达出来,对此类数字化技术,本书称为融合性数字化技术。5G 网络,属于信息传输技术中的无线通信技术,可以看作一种信息化技术,本书称此类数字化技术为专用性数字化技术。融合性数字化技术一般由一种以上的专用性数字化技术组成。融合性数字化技术与专用性数字化技术之间的划分是相对的,即使是专用性数字化技术也往往涉及不止一种技术,是计算机或信息通信领域更细化的技术。

## 2.3　数据流通中的专用性数字化技术

根据技术在各类信息数字化过程中的不同作用,也就是技术如何满足数据流通在社会生产生活中的需要,分为数据采集类、数据传输类、数据存储类和数据分析类数字化技术。

### 2.3.1　数据采集类——数据来自哪里

海量数据的获得依靠的是数据采集类技术。根据所采集到的数据的原始形态,数据采集可以分为对数字化信息的采集和非数字化信息的采集。数字化信息已经是数据,应用计算机程序即可按照设定好的规则将数据从网页端、服务器端等提取出来完成信息的采集,网络爬虫技术即为广泛应用的数字化技术之一。在网络空间中直接产生的数据,如浏览网页或点击商品所反映的用户行为,则可应用在数据领域俗称"埋点"的事件追踪技术,获取指定事件的数据。各大电商平台所获得的消费者消费习惯或偏好等微观数据,即为埋点技术的应用。

非数字化信息的采集主要是针对物理空间中实时产生的信息,人的一举一动、物体的实时状态、周边环境的变化等,都属于此类信息。鉴于非数字化信息不是以数字化形式呈现的,因此需要一个读取或识别信息,再转换为数据的步骤。传感器所代表的传感技术、模数转换器所应用的模数转换技术,均属于此步骤所需数字化技术。具体而言,通过传感器实现对人或物体所产生信息的自动识别和数据捕获技术,包括条码、磁条卡、智能卡、生物测定、射频识别、光学符号识别、语音识别、电子物品监控和实时定位系统等技术。已经遍布于我们日常生活中的二维码即为条码技术,使用电子设备对其进行扫描即可获得物件的详细信息;射频识别技术则利用无线射频方式(电磁波)完成非接触、大批量、快速自动的双向数据通信,实现对设备或电子标签的读取,例如在物流供应链管理中,对各类包裹的识别等都会应用到射频识别技术。此类技术是非数字化信息采集所需要的，同时能够采集数字化信息。

数据采集类技术的发展，无论对于数字化信息还是非数字化信息，都促成了数据数量的激增。海量数据的可获得性，成为数字化时代相比信息化时代的迭代升级之一。除此之外，对非数字化信息的采集，也体现了物体接入信息网络的意义之一，即数据来源的持续增加。

### 2.3.2　数据传输类——数据如何流动

数据传输类技术是搭建信息网络的基础，存在于数据从采集到应用全生命周期的所有环节。数据传输类技术本质上就是对数字化信息的传输，即信息通信技术，分为有线通信技术和无线通信技术。前者的传输介质为同轴电缆、双绞线和光缆等，后者的传输介质主要是各种波长的电磁波如无线电波、微波、红外线和激光等。

在计算机网络的构建中，双绞线和光缆的应用较为广泛。我们日常生活中常见的网线就是用双绞线制作而成的，光纤宽带网络的搭建即以光缆为传输介质。全球各大洲之间的网络连接，是适用于长距离布线的海底光缆，使数据能够在全球范围高速且稳定地传输；数据中心之间的连接也依靠光纤宽带，以保证数据的传输速度和可靠性。相比同轴电缆和双绞线，光缆在传输距离、传输带宽、传输质量和传输速度上均有优势。

无线通信技术包括短距离无线通信技术和广域网无线通信技术，通常以该技术所遵循的无线通信协议或标准命名。短距离无线通信技术的传播距离一般限制在 30m 之内，短距离低功耗无线通信协议如蓝牙、Wi-Fi 和 ZigBee 等。广域网无线通信技术通过中继传输，使其传播距离不受地域限制，如蜂窝移动通信技术、低功耗广域网(low power wide area,LPWA)技术等。蜂窝移动通信技术由第一代发展至第五代，可传输内容上从语音(1G)、文本(2G)、图像音频等多媒体(3G)到高质量视频(4G)，传输速度不断提升、传输容量不断扩大，发展至 5G 已经具备高速率、低延时和广覆盖等特点。卫星通信是利用卫星作为中继站转发或反射无线电波，以此来实现两个或多个地球站之间通信的一种通信方式。低功耗广域网技术即包括蜂窝物联网技术，不同的组织会推出关于物联网无线连接的技术标准，例如，窄带物联网(narrow band Internet of Things,NB-IoT)和增强型机器类型通信(enhanced Machine-Type Communication,eMTC)就是由 3GPP(3rd Generation Partnership Project)这个组织推出的。NB-IoT 与 eMTC 都具有广覆盖、低功耗、低成本、大连接等低功耗广域网技术的特点，在传输速率、移动性、是否支持语音等属性上有差别。远距离无线电(long range radio,LoRa)和 Sigfox 则是分别由

Semtech 公司和 Sigfox 公司推出的低功耗广域网技术标准。

有线通信所受的干扰较小，在数据传输上的可靠性和保密性较强，但是其建设需要的费用较高、工期较长，并且受到地理环境的制约。无线通信的安装周期相对更短，在组网、扩容上更灵活，但是容易受到外界电磁、天气、地形等影响。

在互联网出现之前，数据传输类技术就已经广泛应用于信息通信，随着其迭代升级，能够传输的内容愈加丰富和精准、距离不断延长、速度持续加快，并且可以根据不同的应用场景选择效率最高、成本最低的数据传输类技术。

### 2.3.3　数据存储类——数据如何保存

对海量数据的存储是获取之后的步骤。计算机的数据存储遵循的是"冯·诺依曼体系架构"，源于 1945 年冯·诺依曼提出的存储程序逻辑架构。计算机的内部存储器主要负责小容量、速率快、可供中央处理器（CPU）直接寻址的存储空间。大容量的存储空间主要依靠外部存储器，这也是海量数据存储所依托的。

计算机外部存储涉及存储介质、连接方式、组网方式、系统架构、存储类型及其协议等技术。机械磁盘、固态硬盘、闪存盘、磁带、光盘等都是常见的单机存储介质，此类持久化介质的单盘容量不断扩展，达到 TB 级别；磁盘冗余列阵技术将相同的数据存储于多个硬盘，以平衡的方式交叠完成输入、输出操作，集聚多个单磁盘的优势。连接方式主要分为直接附加存储（direct attached storage，DAS）、网络附加存储（network attached storage，NAS）和存储区域网络（storage area network，SAN）。DAS 使用专用线缆将存储设备直接与一台独立的主机相连接，连接简单、易于配置且安全、可靠、费用低，但扩展能力差且无法共享。NAS 可为用户提供文件存储服务的共享网络存储，相比 DAS 的安全性和共享性均有提高。SAN 通过专用光纤通道交换机将磁盘列阵与服务器连接起来，相比 NAS 在输入、输出上的性能得到提升。从组网方式上，可分为互联网协议（Internet Protocol，IP）组网存储、光纤通道（Fibre Channel，FC）组网存储和无限宽带（InfiniBand，IB）组网存储，分别指运用以太网技术、光纤技术和无限宽带技术进行组网的存储设备，在速率、延时性、兼容性、建设成本和维护成本等方面各有差异。存储类型包括文件存储、块存储、对象存储及其对应的协议。

存储系统架构的演进成为海量数据存储的关键。从形态上，数据存储历经单机存储、集中式存储和分布式存储。单机存储是数据结构在机械磁盘、固态硬盘等上的实现，单机存储介质在上文已经提到。集中式存储是将机头、磁盘列阵、交换机等多个设备集中于一套系统，机头是集中式存储系统中的核心部件，包含两个或多个互为备份的控制器，并基于其中的软件实现对磁盘的管理，所有数据都由机头进入该存储系统。分布式存储将数据分散存储至多个存储服务器上，并将分散的存储资源构成一个虚拟的存储设备。相比集中式存储，分布式存储提高了系统的可靠性、可用性、存取效率、扩展性、独立性和开放性等。

数据库技术与冯·诺依曼体系架构密切相关，后者为数据库提供了存储和处理大量数据的物理基础。无论是传统的关系数据库还是现代的 NoSQL 数据库，都依赖于这种基本的计算机存储架构来实现高效的数据管理和分析。数据库系统通常将数据存储在外部存储器上，因为它们需要存储和处理大量的数据。例如，企业可能会使用大容量硬盘驱动器来存储其数据库，以便能够保存海量的客户数据、交易记录等；这些数据需要稳定且较长时间的存储，通常超出了内部存储器的容量限制。当数据库需要访问或处理数据时，相关的数据将从外部存储器加载到内部存储器中，因为内部存储器（如 RAM）的读写速度更快，能够快速响应 CPU 的处理请求。这就实现了高效的数据处理和检索，同时保证了大规模数据存储的稳定性和可靠性。

得益于数据存储类技术，采集到的海量数据才有存放的空间，可见数据采集量的增加需要伴随着数据存储功能的提升。从存储介质到系统架构，数据的存储成本更低、扩展程度更高，不仅为数据存储提供了可无限拓展的空间，而且增加了数据存储的安全性。

### 2.3.4　数据分析类——数据如何辅助决策

数据分析的本质是针对目标问题，利用既有的数据，采用科学的、恰当的、高效的分析方法，得出结论或解决方案。例如，概率论与数理统计学、计量经济学等是关于数据分析的基础理论以及数理方法在具体领域如经济学研究中的应用；根据理论分析方法写出程序，使用 MATLAB、Stata、SPSS 等软件完成计算并得出结果，就完成了一项数据分析任务。上升至企业、政府或者国家层面的数据分析，其基本逻辑是一致的，都是由数据、算法和算力构成数据分析的基石。

首先，前文已经提到数据采集类技术使得海量数据的获取成为可能，并且是数字化时代相比信息化时代的迭代升级之处，数据存储类技术为海量数据提供了存储空间，数据分析类技术正是海量数据得以大规模应用的基础。在更具体的划分下，数据管理类数字化技术可作为数据分析的前置步骤；从广义上看，对数据的管理、清理等也可以列入数据分析，这些步骤之间是相互关联的，没有明确的界限。

其次，算法是对海量数据进行分析的核心技术。算法是运用数学规则，通过有限的步骤得出一个问题的答案或解决方案；在数字化技术领域特别指输入计算机的系统程序。根据设计方法，可分为枚举算法、分治算法、贪心算法、回溯算法等；根据实现方式，可分为递归算法、迭代算法、逻辑算法、串行算法等。数字化技术对算法的突破来自改变了完全由人来设计和完善算法的情况，变为由算法从数据（经验）中提取信息并实现性能改善，这就是机器学习[2]。机器学习一般被认为是人工智能的子集，深度学习是机器学习的子集、神经网络算法又是深度学习的子集。除了机器学习，人工智能还有诸多分支如智能计算、自然语言处理、计算机视觉等，都需要以各类算法为支撑。由此可见，人工智能的实现离不开算法，但人工智能的全部意义并非只是数据分析，在后文对融合性数字化技术的介绍中会详细分析。

最后，海量数据的处理、复杂算法的运行都需要算力的支持。算力即计算能力，是对数据的处理能力。狭义上，算力是指处理器执行指令的速度，"百万条指令/秒""每秒执行的运算次数""每秒执行的浮点运算次数"等都是衡量计算能力的指标。例如，在区块链的应用比特币中，哈希率是衡量算力的指标，单位为哈希/秒，表示比特币网络中用于加密货币挖掘的一秒钟内执行的两次 SHA-256 算法的数量。根据不同的标准和需求，算力可以被分为不同的类型。根据硬件类型，算力可以分为中央处理器（CPU）算力、图形处理器（GPU）算力以及张量处理单元（TPU）算力等；根据性能级别，算力可分为个人级算力、服务器级算力、超级计算机算力等；根据使用方式，算力可分为本地算力、云算力等；根据应用能力，算力可分为通用算力、专用算力等。不同类型的算力适用于不同的应用场景，选择合适的计算资源对于任务的有效执行和成本效率至关重要。

数据分析类技术是海量数据发挥作用、实现价值的核心依托。从对少量数据的简单统计性分析，到依靠算法算力对海量数据的精准、迅速、全面的分析，再根据分析结果提出科学有效的决策，是数据成为生产要素、新型资产、带来经济增长点的关键。

## 2.4　数据流通中的融合性数字化技术

融合性数字化技术与专用性数字化技术是密不可分的。融合性数字化技术所涉及的技术一般可以通过技术架构描述，每一个架构层对应着一种专用性数字化技术。本书即通过这种结构化的方式，对融合性数字化技术进行介绍。同时，尽管融合性数字化技术的实现会涉及多种专用性数字化技术，但是其在实践应用中往往是有侧重点的，聚焦于解决某一领域的问题，若存在某一种专用性数字化技术在其技术架构中的作用尤为突出，本书也会指出。融合性数字化技术的种类很多，本节对 2.2 节中列举的核心技术（物联网、大数据、云计算、人工智能、区块链）进行介绍，这几种也是在日常生活中较多地被提及。对于其他本书未涉及的融合性数字化技术，均可类比本节的分析方法来理解。

### 2.4.1　物联网——万物互联的信息网络基础

物联网的直接作用是将人与人、人与物、物与物相互连接起来。从广义上来看,卫星互联网、工业互联网、车联网、智能家居等都属于物联网的范畴。信息化时代,互联网承载着全球国家与国家之间、人与人之间的信息交互;数字化时代,物联网将物体纳入互联互通的信息网络,增加了信息交互的参与主体。

根据《物联网 参考体系结构》(GB/T 33474—2016),物联网的技术架构分为感知层技术、网络层技术、应用层技术和公共技术层。感知技术分为采集控制技术和感知数据处理技术。对信息的采集与控制过程,包括对物体属性信息的采集、处理和传送。信息的采集即为本章第二节专用性技术中的"数据采集类技术",如条码技术、位置信息采集、多媒体信息采集等各类传感技术,同时需要执行器和智能化设备接口等控制物体所需的硬件设备。信息的传送则为"数据传输类技术",实际上与网络层技术有所重叠,均为物联网信息传输所需的技术,在感知控制域一般应用短距离网络技术如自组织网络技术、总线网络技术等,域内使用局域网技术,域间使用广域网技术。感知数据处理技术则需要将所获取的模拟信号转换为二进制数字信号,这是采用了模数转换技术,以及与网络层连接所需的传感网技术、传感网中间件技术、网关技术和 M2M 终端技术等。应用层技术是对感知数据的深度处理,促成物联网的应用服务,分为应用设计、应用支撑和终端设计三个子类。公共技术用于管理和保障物联网的整体性能,如标识解析、安全技术等,属于跨层功能。

由此可见,信息的采集(感知)、传输和处理是物联网实现万物互联并且获得海量数据的关键,其分别对应着专用性数字化技术中的数据采集类、传输类和处理类技术。综合来看,物联网作为数字化核心技术,其作用体现在两个方面:①搭建起万物互联的信息网络;②扩大信息交互的参与主体范围,以数据源的增加促成海量数据的获取。

### 2.4.2 大数据——覆盖数据的全生命周期操作

字面上,大数据是对数据量的描述。在数字化领域所提到的大数据,其含义不局限于数据量,而是"具有体量巨大、来源多样、生成极快且多变等特征,并且难以用传统数据体系结构有效处理的包含大量数据集的数据"。[4-5] 大数据体现在多个"V"上:volume(体量,构成大数据的数据集的规模)、velocity(速度,单位时间的数据流量)、variety(多样性,数据可能来自多个数据仓库、数据领域或多种数据类型)、variability(多变性,大数据体量、速度、多样性等特征的多变状态)、value(低价值密度)和 veracity(真实性)。随着大数据的发展,更高的数据度量单位如艾字节、泽字节和尧字节变得越来越常见。大数据在社会经济生活中的应用,也超出了上述对"数据"属性的描述,而且包含对数据的各种操作、代表多种技术,被列入数字化核心技术的范畴。

　　大数据的主要参与主体为数据供应方、数据用户、大数据应用程序供应方和大数据框架供应方。数据供应方是大数据系统中全新数据的来源，不能是正在或曾经在系统中使用的和存储的。数据供应方可以是输入数据的个人、智能化设备如传感器或者其他大数据系统。数据用户既可以是一名最终端的使用者，也可以是其他大数据系统。大数据应用程序供应方围绕数据的全生命周期执行一系列的操作，如数据采集、清理、分析、可视化和访问等，是对大数据框架商业逻辑和功能的概括。

　　大数据框架供应方提供的内容包括基础设施框架、数据平台框架和处理框架。大数据的技术架构也可以由此来看，分为基础设施层、平台层和处理层。基础设施层包括网络、计算和存储资源；平台层为数据的组织、访问和分布；处理层为计算和分析。可见，大数据的技术架构与专用性数字化技术对应性较高，覆盖了 2.2 节所有专用性数字化技术的类型。

　　从本质上来说，大数据与人工智能的核心功能是相同的——对数据的分析与应用。从技术架构来看，大数据相比人工智能在数据全生命周期环节的划分上更细化，围绕"数据"展开；人工智能的发展需要大数据的支撑，其侧重点是"数据＋机器"。大数据作为数字化核心技术，其作用是：①成为数字化时代、数字经济的核心生产要素；②是其他数字化技术的基础性投入要素或技术。

## 2.4.3　云计算——数字化资源在网络上的按需使用

　　数字化技术的种类繁多、进入门槛高，但又是发展数字经济所需要的。云计算让更多的主体接触到且根据个体的需求选择相应的数字化技术成为可能，从网络基础设施到软件的各类服务，覆盖到所有的网络资源和计算资源。云计算是一种将可伸缩、弹性、共享的物理和虚拟资源池以按需自服务的方式供应与管理，并提供网络访问的模式。该定义对应云计算的关键特征：广泛的网络接入、可测量的服务、多租户、按需自服务、快速的弹性和可扩展性、资源池化。[6-7]

　　云计算的主要参与方为云用户、云供应商、云经销商、云审计者和云承载商。云用户是购买和使用云产品与服务的个人或组织，提供云产品和服务的是云供应商。云经销商是用户和供应商之间的中介，帮助用户理解复杂的云服务，也可能会创建一些增值云服务。云审计者为政府监控云服务的独立性能和安全性。云承载商是负责传输数据的组织，类似于电网的电力分销商。

　　根据云基础设施和计算资源对云消费者的开放程度的不同，可以将其分为公有云、私有云、社区云和混合云。大众均可以使用的为公有云，部署在公共网络上；仅限于某个云用户的为私有云，一般部署在该用户的场地或外包给第三方；社区云面向一组用户，它们在目标、安全性、隐私性和遵从性等方面有共同点，部署在社区用户的场地或外包给第三方；混合云是两种及以上的云服务组合，各种类型云服务为独立的主体，但在标准化或专用性技术上相互连接。

云计算的技术架构由物理资源层、服务层、访问层以及跨层功能构成。物理资源层包括硬件资源如计算机、网络、存储设备等各类计算基础设施的实体，以及水、电、供热、通风、物理场所等实体设备资源。可见，物联网中的"网络层"被归入云计算的物理资源层。资源抽象和控制层的"资源抽象"是指云供应商通过软件抽象技术如虚拟机，在实体计算资源和云用户之间创建一种环境，使得用户能够基于该环境来有效、安全、可靠地操作实体计算资源；"控制"则是将物理资源层与软件抽象技术连接起来的软件结构，负责资源分配、访问控制和使用监控等，开放源码和专有云软件都属于此类中间件。服务层根据云供应商所提供的数字化资源内容分为 IaaS、PaaS 和 SaaS。IaaS 是基础设施即服务，云供应商为用户提供服务器、硬盘、存储空间等硬件类的基础设施；PaaS 是平台即服务，云供应商不仅为用户提供基础设施，还可为其提供功能类的开发性服务等；SaaS 是软件即服务，在基础设施和平台之外，云供应商还可提供随时可用的软件等。SaaS 可以搭建于 PaaS 之上，PaaS 可以搭建于 IaaS 之上，而这三种应用也可以自主搭建。例如，某种 SaaS 的应用可以基于 IaaS 云的虚拟机实现，也可以直接在云资源上实现而不使用 IaaS 的虚拟机。

在云计算的技术架构中，数据的全生命周期环节并没有直接体现，但是云计算所提供的各种服务实际上是各个环节的应用。云计算作为数字化核心技术，其作用是为数字经济的参与主体提供弹性的、按需使用的数字化资源。

### 2.4.4 人工智能——数据的分析与应用

人工智能的应用表现出的是智能化设备对人的各类劳动的替代，该表象的实现依靠的是对数据的分析与应用。同时，人工智能的重点在于数据的分析和应用，但是其作用的发挥离不开数据的采集、传输和存储等，这几项是数据进行分析和应用的前置环节。同时，人工智能的应用又可以提升数据采集、传输和存储等环节的效率。

人工智能的技术架构分为基础层、算法层、技术层和应用层。基础层涵盖的内容较广，包括硬件基础和软件基础。硬件基础如人工智能芯片、移动终端设备等。软件基础与算法层共同对应着 2.2 节的"数字化时代的核心技术"，数据和算力等计算资源被列入基础层，而算法层则单列一层。算法层是人工智能的核心，在基础层上开发算法模型，通过软件框架进行训练和学习，如机器学习、深度学习等。技术层包括人工智能的技术方向，如计算机视觉、智能语音语义、自然语言处理、规划决策系统、大数据等，每个技术方向下又有具体的子技术。应用层为行业解决方案，如人工智能产品、人工智能平台和服务在金融、医疗、交通、安防等领域的应用[3]。

人工智能作为数字化核心技术，其作用体现在：①是数据分析和应用的核心；②反作用于其他数字化技术，带来整体效率的提升；③其应用是对人类脑力和体力劳动的替代。

### 2.4.5　区块链——可追溯的分布式存储

区块链是融合了分布式存储、点对点传输、加密算法、共识机制等多学科技术的一种数据存储模式。简单而言，区块链将一个个区块连接起来，每一个区块上都是存储的信息。区块链实现了数据从生成、传输、存储的全面分布式的模式，所有参与者共同构建数据库，具有不可篡改的特点。区块链采用非对称加密算法以提高数据的可信赖度。

从技术架构上，区块链分为数据层、网络层、共识层、激励层、合约层和应用层。数据层聚焦于数据的存储技术，涉及非对称加密技术、数字签名技术和哈希函数等密码学技术和算法，以及以区块和链式结构实现的 Merkle 树数据存储结构等。网络层相比物联网、云计算等技术架构中的网络层突出了一点，即区块链网络中节点和节点之间的信息传输所需要的技术，包括 P2P 网络（peer-to-peer）、验证机制和传播机制。共识层包括工作量证明（proof of work，PoW）、权益证明（proof of stake，PoS）、委托权益证明（delegated proof of stake，DPoS）等共识机制，为分布式账本技术中达成共识决策的方法。激励层为鼓励区块链网络中的节点参与安全验证工作的机制，如经济激励的发行机制和分配机制。合约层将各类脚本代码、算法、智能合约等封装在一起，自定义约束条件，实现实时操作。应用层为区块链的各种应用场景。

在区块链的技术架构中，共识层、激励层、合约层等实际上都是算法的具体化，属于数据分析类技术；作为一种数据存储模式，离不开数据的采集、传输和处理等环节。区块链作为数字化核心技术，其作用体现在：①数据存储模式的创新与应用；②数据存储安全性的提升以及数据真实性的增强。

## 2.5　数字化技术所需的物理载体

所有数字化技术的实现，都需要不同类型的公用基础设施、专用基础设施或硬件设备等，本节将对这部分内容进行介绍。对水、电、热、通风、温控和场地等公用基础设施的需求，是各类机器或技术自诞生以来均需要的，本书不再赘述。本节的重点为对数字化技术有直接和关键影响的场所、专用基础设施或硬件设备等。

### 2.5.1　大规模数据运行所需的场所：数据中心

数据中心是互联网数据中心（internet data center，IDC）的简称。数据中心是支撑大规模、高速度数据处理与分析的场所，能够提供算力资源和存储资源等。伴随着资源抽象技术和云计算技术等的突破，数据中心从单纯地为机构内部提供数据处理和分析资源，发展出虚拟主机和数据存储空间租用等多种服务类型，为其他有需求的机构提供资源，云计算将上述服务类型进一步升级，实现数据中心算力资源的池化。

数据中心所能提供的上述服务类型是以实体设备为基础的。数据中心需要固定的实体场所——机房以开展其业务。机房仅是一个统称，构成数据中心的机房数量或场地大小等，与其规模相关。本质上，数据中心是普通机房的升级版本，机房内的算力设备、通信设备和配套设备等的规格、性能和管理级别等更高。服务器、存储设备等属于算力设备，交换机、路由器和防火墙等属于通信设备，配套设备即上文提到的公用基础设施。数据中心的作用与电厂、自来水厂等类似，为需要数据存储、分析与处理资源的用户提供基础设施，并收取相应的费用。

与数据中心类似的还有超级计算中心（超算中心）、人工智能计算中心、云计算中心等。上述中心都以数据中心为原型，但是以其核心技术为主要方向。例如，超算中心以高性能计算为核心，人工智能计算中心聚焦于人工智能领域的全栈能力提升。

以数据中心为代表的各类数据存储、处理、分析技术或资源提供场所，是数字化领域的基础设施。建设高规格数据中心所需的实体设备是高成本的，数据中心作为基础设施，既可以避免相关固定成本的重复性投入，也能够为更多的数据资源需求方提供便利、节约成本。

### 2.5.2　大规模数据运行所需的设备：芯片

芯片是集成电路（由晶体管、电容、电阻等电路元件集成）的载体，在半导体材料（通常是硅）一小块平面上的一组电路。芯片承载着海量数据的收集、传输和分析任务，通信、算力和算法作用的发挥均需要以性能极强的芯片为根基。算力实现的关键是各类计算芯片，如 CPU、GPU、DSP、FPGA 和 ASIC 等。芯片的发展趋势是以越来越小的体积承载更大容量、更可靠、更快的运算。芯片用于绝大部分的电子设备，如服务器、计算机、移动电话等。芯片可以细分为多种类型，CPU、GPU、DSP 和 FPGA 属于通用芯片；人工智能芯片、边缘计算芯片等为专用芯片；射频前端芯片、基带芯片、光电子芯片等是通信产业的核心芯片；超低功耗专用芯片、NB-IoT 芯片是物联网发展所需的芯片[8]。

芯片是现代电子设备迭代更新和当前数字化转型的核心。根据摩尔定律，每隔两年，许多参与集成电路设计、开发和制造的公司都会推出一种新的硅工艺技术，基于这种新技术则可推出具有更强硬件功能和更高性能的集成电路，进一步实现电子设备的创新[9]。在上文中提到数据中心由各类高性能计算机、服务器等主设备以及交换机、路由器等通信设备构成，芯片正是这些设备得以迭代升级的根本。数据中心是数字化时代不可或缺的基础设施，芯片则是此类基础设施的核心。这也是我国持续推进芯片独立自主研发的原因之一。

# 第3章

# 数据的价值与实现：数据流通的内在机理

数据的价值实现与数据流通息息相关。正因为数据有价值，数据才需要流动起来，数据流通也就成为必然。同时，数据的流动性，既是其与生俱来的根本属性，也是决定数据价值的充要条件。如果数据没有流动，意味着数据无从应用，理论上数据也就没有价值。可以换个角度理解，所谓数据要素，就是建立在流动基础上的数据。

本章从数据的价值与其实现路径上来理解数据流通，剖析数据流通的内在机理。3.1 节从概念、内涵和理论上阐述数据的价值来源，3.2 节分析数据的价值实现路径，3.3 节和 3.4 节分别探讨数据从哪些方面作用于经济增长以及其在生产要素融合中的作用。

## 3.1 数据的价值来源

对数据重要性的理解还需从其概念出发，并且与其他相关用法如信息等有所区分；而数据的类型也会影响数据的价值。数据价值的根本依然在于其所承载的信息、劳动投入和给社会带来的效用。

### 3.1.1 数据的概念

《汉语词典》对数据的基本解释为："电子计算机加工处理的对象。早期的计算机主要用于科学计算，故加工的对象主要是表示数值的数字。现代计算机的应用越来越广，能加工处理的对象包括数字、文字、字母、符号、文件、图像等。"可见，数据是对事物或现象的记录，具有数字、文字、图像、声音等表现形式，是通过观察、记录或者计算得到的客观事实或信息的集合。

在日常生活中使用"数据"一词时，有几个类似但不完全相同的概念，如信息（information）、知识（knowledge）、观点（opinion）等。自互联网诞生以来，人类社会即步入信息时代，信息在社会生产生活中的作用也一直在增强。在 2003 年日内瓦和 2005 年突尼斯分两个阶段召开的信息社会世界高峰会议（world summit on the information society，WSIS）对 21 世纪信息社会的建设提出了原则、行动计划、承诺和议程等，知识和观点在全球范围内的沟通被认为是人类的基本需求、所有社会组织的基础以及信息社会的核心，该原则也在后续的诸多国际合作共识中得到重申，在多次 G20 峰会中数字经济相关的宣言中也被提及。其中，2016 年 G20 杭州峰会使用的"知识和信息"与此也是一致的，但是限定为以数字化方式呈现的知识和信息。

在不考虑严谨性的情况下，部分概念是通用的；但是深究上述概念的内涵，它们是存在一定差异的。直观来看，生产生活中的任何事件或物品，都蕴含着"信息"，如果不加以注意或未经过处理就是普通的现象、事实，或者也可以称为原始数据；但如果对其进行加工和处理，则有可能转化为有用、有价值的信息。由此可见，数据和信息在内涵上差异不大，但数据是以数字化形式呈现的，而信息则可以是各种形态。因此，也有研究认为数据的本质是数字化的信息。知识则是对数据或信息的理解与应用，并且在经过实践检验后被认可，得以进一步地扩散。观点同样是以数据、信息甚至是知识为基础的，但是涉及个体的主观判断。

例如，企业通过电子商务平台自动采集用户的购物记录。购物记录是用户消费的客观事实，存储在企业的本地服务器或者云端的是原始数据，企业通过运用大数据分析绘制出用户的个人画像、了解用户的消费习惯和偏好，并将原始数据转换为有潜在商业价值的消费者行为预测数据，对于企业而言成为有价值的数据或信息。企业将分析数据所得结论制定营销策略，甚至为其他企业所借鉴，则可转换为市场营销知识。企业销售人员对分析数据所得结论的不同判断，则可称为他们的观点。综合来看，数据和信息的外延相对知识、观点更为宽泛。

### 3.1.2　数据的分类

数据可以按照不同的特征和属性进行分类。对数据进行分类可以帮助我们理解和组织不同类型的数据，更好地了解数据的来源和可靠性，以便更好地进行数据分析和应用。除此之外，对数据的确权、定价和交易等也需要以数据的类型为基础。以下为几种对数据的划分方法。

（1）结构化数据、非结构化数据和半结构化数据。结构化数据是按照固定格式和模式组织的数据，通常存储在数据库中，可以轻松进行处理和分析。非结构化数据没有固定的格式，如文本、图像、音频或视频，不容易直接进行处理和分析。半结构化数据是介于结构化数据和非结构化数据之间的一种类型，其具有一定的规则和格式，但并不像结构化数据那样严格遵循固定的模式。

（2）人工采集数据和自动采集数据。人工采集数据是通过人工手动采集和录入的，通常需要人员直接观察、测量或记录。例如，人工填写的问卷调查数据、人工记录的实验观测数据等。自动采集数据是通过自动化系统、设备或传感器自动收集和生成的，不需要人工干预。例如，传感器收集的温度数据、湿度数据、网站服务器记录的访问日志等。

（3）数值数据和分类数据。数值数据是以数字形式表示的数据，可以进行数学运算和量化分析。例如，温度、时间、价格等。分类数据是以类别和标签将对象或现象区分开来，不能进行数学运算，通常表示为文本或符号。例如，性别、地区、企业的所有权性质等。

（4）实时数据和历史数据。实时数据是在当前时间点或非常接近当前时间点上收集的数据，以反映最新的状态和情况。例如，气象传感器实时收集的温度和湿度数据。历史数据是在过去的某个时间段内收集的数据，用于回顾和分析过去的事件与趋势。例如，第一、二次工业革命中新发明的技术和产品数据。

（5）主观数据和客观数据。主观数据是基于个体的主观意见、评价或观察收集的数据，通常具有一定的主观性和个体认知。例如，用户对商品、店铺的评分和评论。客观数据是通过测量、观察和实验等客观手段收集的数据，不受个体主观判断和认知的影响，如物理实验中测得的长度、重量等数据。

（6）内部数据和外部数据。内部数据是组织或实体内部生成和收集的，用于内部管理和运营，通常由组织自身的系统、数据库或人工记录生成。例如，企业的销售数据、财务数据、库存数据等。外部数据是从外部来源获取的，可以通过和内部数据的结合来做出更精准的预测。外部数据的渠道来源众多，如公共数据库、政府机构、第三方数据供应商、社交媒体、传感器等，如市场调研数据、消费者行为数据、气候数据等。

（7）时间序列数据、横截面数据和面板数据。时间序列数据是在一段时间内按照一定的时间间隔收集的数据，通常用于分析随时间变化的趋势和模式。例如，股票价格的每日收盘价。横截面数据是在某个特定时间点上收集的数据，用于描述不同对象或现象之间的差异。例如，某年对全国各个地区的人口普查数据。面板数据则是时间序列数据和横截面数据的结合，包括不同样本在不同时间点的数据，例如，所有 A 股股票自其发行的每日收盘价、若干年份全国各个地区的人口普查数据。

### 3.1.3    数据价值创造的本质

在"大数据"引起人们的关注之前，数据本身作为离散的、无意义的原始事实或观测结果，并没有给整个社会带来可观的收益或价值，尚未成为能够驱动经济增长的生产要素。在短短不到十年间，数据成为生产要素、成为资产，并且与传统商品或服务一样进入生产、流通和消费环节中，这已经是对数据价值的肯定。经过合适的清理、分析和解释后，数据即可为不同场景所用，以帮助人们更好地了解和剖析现实世界中的各种现象与规律，从而支持和指导各种社会经济活动，这是数据价值创造的共性。

为什么使用数据就能够为人类社会创造价值？我们认为，数据的有用性、使用价值，根本上源于其所承载的信息。信息的重要性不言而喻，海量数据的收集、共享和分析，代表着信息的采集、传递和利用，从而推动决策和行为的改进。这个过程，从三个方面改变了信息在社会经济生活中发挥作用的路径，具体为信息充分程度、信息交互速度和信息利用效率。在数字化技术的支撑下，数据从采集到应用的全生命周期活动，提高了信息充分度、信息交互速度和信息利用效率，这是数据作用于社会经济的路径，也是数据价值创造的本质。

### 1. 有数据：信息充分程度

海量数据是数字经济发展的重要基础之一。随着数字化技术的广泛应用和互联网的普及，大量的数据不断产生，被收集、存储和应用，因此能够"有数据"可用。海量数据使得社会经济生活中的信息更加充分和透明，是利用数据进行分析和应用的基础。

信息在市场经济中起着至关重要的作用，它影响市场参与者的决策和行为，进而影响整个市场的运行和资源配置效率。例如，信息不对称意味着市场参与者在信息获取方面存在差异，某些参与者可能掌握更多的信息，而其他参与者则信息不足。在这种情况下，信息不足的一方在交易中可能会处于劣势，也可能导致市场出现垄断或寡头垄断等不完全竞争现象，从而影响交易的效率和公平，并且带来资源的浪费或短缺。信息不充分还会增加市场参与者面临的不确定性。缺乏准确的信息可能导致企业难以做出准确的投资决策和生产计划，进而影响经济的稳定和发展。

得益于数据采集类技术，数据的丰富性、多样性、关联性等多个方面都不断增强，带来信息充分程度的提升。海量的数据产生于各个领域和行业，并且有多种源头，包括企业、个人、智能化物体、互联网等。数据来源的增加不仅会带来数据量的激增，而且可以通过交叉比对来验证数据的真实性与可靠性。数据量的增加也意味着数据类型的多样化，数据可以有文本、图像、音频、视频等各种形式，可以是结构化数据、半结构化数据和非结构化数据，均提供了更多的信息呈现方式。数据来源、深度和广度的增加推进了数据的关联性分析，通过对大量数据的挖掘和处理，可以发现隐藏在数据背后的关联关系、模式和趋势。

### 2. 活数据：信息交互效率

数据能够在日常生活以及交易中发挥作用，是以其流动性为基础的。如果数据仅仅停留在其生成或者采集阶段，即便"数字孪生"覆盖全球的任何一个角落、人类活动的任意一个步骤，那也只是一个从物理世界到数字世界的映射，仅仅完成了数据转换为生产要素的准备工作。当数据开始流动、在不同主体之间共享，打破"数据孤岛"，成为"活数据"时，才是数据价值创造的开始，而数据的流动也就是信息的交互。

信息交互效率指的是信息在整个经济体内传递和共享的速度、准确性和成本效益等。当信息交互效率高时，信息能够更快速、更准确地传递和共享，从而促进经济活动的高效运行。高的信息交互速度使得市场参与者能够及时获得市场上的最新信息，包括价格、供求状况、竞争情况等。这使得市场的价格反应更加敏感，供求匹配更加高效，从而提高市场的运行效率。高效的信息交互有助于平衡市场参与者的信息获取能力，提高市场的公平性和透明度，降低信息不对称程度。

数据传输类技术使得信息交互呈现出实时性、实地性、广覆盖等特点。通过互联网等数字化通信平台，信息可以即时传递给受众，使得信息在全球范围内瞬间传递。数字化技术可以对信息进行高效的压缩和编码，减少传输所需的带宽和时间，提高传输效率。信息通信技术提供了多样化的信息传输方式。除了文字和图片，还可以通过音频、视频等形式进行信息传递，更加生动形象地展示信息内容。互联网的普及使得信息不受地域限制，可以迅速传递到全球各个角落；物联网极大地拓宽了信息交互的范围，人、智能化设备等都成为信息交互的主体。数字化技术如区块链可以采取多种安全措施，保障信息传输的安全性和隐私保护，使得信息的传输更加可靠和安全。

### 3．用数据：信息利用效率

数据的获取和传输，都以数据应用为最终目标。在海量数据能够实时高效传输的基础之上，数据发挥的作用远远超出了其作为信息载体的传统角色，为各个行业、不同人群提供有效科学决策的依据，最终依靠这些决策实现效率提升、带来经济社会价值等。

信息利用效率指的是在获取信息后，能够高效地处理、分析、应用和转化为有价值的知识与决策的能力。信息充分程度和信息传输效率的提升是信息利用效率的基础，也就是说，在有海量数据可用、数据可流通的情况下，对数据的处理和分析为各类社会经济活动提供了科学依据，这是数据成为数字经济核心驱动的根本原因。

数字化技术使得海量数据可以得到高效的处理和分析。通过大数据分析技术，可以从海量数据中挖掘出有价值的信息，为决策和创新提供科学依据。例如，对用户行为和偏好数据的分析，可以实现个性化推荐。企业和个人可以根据实时的市场情况和数据，做出实时决策；实时决策也促成了组织协作效率的提升。机器学习作为人工智能的分支领域，可通过对大量数据的训练，开发、调整与优化算法，极大提高了决策的精准性和科学性。

### 3.1.4　数据价值来源的理论依据

数据进入社会经济体系，促进经济增长、提高生产和运行效率、使人们的生活越发便利等，都是其内在价值的体现。再者，数据之所以可以进行买卖、可以为其设定价格，也是源于其内在的价值。尽管数据从自身属性上呈现出与传统生产要素的差异，而且影响经济增长的路径也有变化，但是其价值来源并没有脱离经济学理论对价值来源的认知和分析框架，即劳动价值论和效用价值论。探讨数据的价值来源，也可以作为数据估值定价的参考，为数据的价格形成提供依据。

#### 1. 劳动价值论

"价值是凝结在商品中的无差别的人类劳动"是《资本论》对价值的经典定义。各类生产要素的价值与人类劳动是息息相关的。从劳动价值论的视角看，哪些数据具有价值，以及能够进行交易的数据价值或使用价值的来源，依然需要从其与人类劳动的关联性方面来探讨。

根据马克思劳动价值论的基本内容和分析方法，关于人类劳动可以从四个方面进行区分："一是把生产商品的劳动区分为具体劳动和抽象劳动，分别创造或决定使用价值和价值。二是把劳动者生产商品价值的劳动分为必要劳动和剩余劳动，分别创造劳动者的工资即劳动力价值和剩余价值。三是生产商品的劳动既是具有社会属性的社会劳动，又是具有私人属性的私人劳动。只有通过交换，私人劳动才能转化为社会劳动。四是把社会各个部门的劳动分为生产性劳动和非生产性劳动。"[10]对数据要素的价值来源分析同样可以从其与人类劳动的关联性上得到启发。

本节主要做以下两点论述。

其一，具体劳动、抽象劳动与数据要素价值来源的关联性。尚未处理过的、在人类生产生活中自然而然产生的数据，是具有天然使用价值的；其使用价值如何实现、在何处实现，基本的如对原始数据的收集和处理，成为满足某种生产生活需求的数据要素，这一过程依靠的正是具体劳动，可以称为"数据要素化"。收集和处理数据仅仅是数据要素化的一种或一个步骤，智能化设备的研发、信息传输网络的搭建等都是数据得以收集的前提，这些同样是具体劳动的体现。最终在市场上进行交易的数据产品，其生成的过程所投入的具体劳动是不同的，以其所蕴含的抽象劳动进行区分，这也成为某个数据产品价值来源的直接判断依据。

其二，社会劳动、私人劳动与数据要素的价值实现。从原始信息成为数据资源、数据产品等，在这一过程依然符合生产商品的劳动兼具私人劳动和社会劳动的性质。同样，由私人劳动生产所得的数据产品只有能够在市场上与其他商品或服务交换出去、完成交易，才能转化为社会劳动。如果数据供给方的数据产品没有在市场上交易，那其私人劳动就无法转化为社会劳动，具体劳动也无法还原为抽象劳动，使用价值就不会被让渡而实现其价值。由此可见，数据要素的价值实现依赖于交易，数据要素的成交价格是对数据要素价值的直接反映，是加工、处理或应用数据要素所投入的私人劳动转化为社会劳动的呈现。

基于对劳动价值论的拓展，从广义价值论的视角来看，数据要素在绝对生产力、综合生产力和比较生产力的提升中均能发挥作用。绝对生产力的提升源于三方面，劳动力投入在数据要素初始收集、前期处理、当期收集与处理中的体现，在这三个阶段的劳动均参与了数据要素的价值创造，是对数据要素有价值的肯定。除此之外，综合生产力和比较生产力在上述过程中的提升会进一步促成价值量的增加，这源于数据要素具备的正外部性[11]。

综合来看，基于劳动价值论的视角可得，一方面，从数据要素在社会生产生活中的应用，表明已经有人类劳动投入其中，是数据要素价值的体现。因此，数据的价值取决于收集、处理和管理数据所需的劳动力与资源成本。另一方面，对数据要素的价值进行估计、为数据要素在市场上的交易设定价格，需要依靠某个数据要素需求方和供给方均认可的价值尺度。人类劳动是最基本的衡量标准，但是在其投入量不易度量的情况下，即可通过收益、成本等间接指标进行衡量。同时，如果数据要素的估值难以界定，依然可以从劳动投入量的角度进行辅助。

### 2. 效用价值论

效用价值论认为，价值来源于人们使用数据所产生的效用。因此，数据的价值取决于其对决策的影响力和效用，以及人们愿意为这种效用支付的价格。例如，如果某个数据可以帮助企业提高销售额，那么它的价值可能就比较高，因为企业愿意为这种数据支付更高的价格。

效用价值论是新古典经济学对市场上需求和价格变动的分析基础。古典经济学中也存在效用的概念，新古典经济学以此为基础，以效用最大化为目标，并且提出边际效用的概念，采用数理方法进行分析。随着经济学理论的演进，尽管期望效用理论面临较多的质疑与批判，并且发展出其他经济学分支如行为经济学、演化经济学、实验经济学等，但这一方法论的边界是不断拓宽的，是经济学分析中常用的方法。事实上，效用价值论对市场价格影响非常关键的且不同于劳动价值论之处在于，强调了市场上供给方和需求方共同定价的逻辑。

具体到数据要素的价值来源上，效用价值的解释力相对劳动价值弱，这源于"效用"的概念是主观的，而"劳动"却是客观存在的。尽管如此，效用价值是分析数据要素作用于社会经济体系路径的有效工具。在各类经济模型中，均衡增长路径、均衡价格和均衡数量的求解等都需要供给端与需求端的数理表达式，而效用正是刻画需求端的关键，得以建立起需求端与供给端的联系。数据要素的价格以及价值体现，同样由需求方和供给方共同决定。在宏观层面，数据进入经济增长模型的构建、数据对市场力量的影响等都可以将期望效用分析作为工具论证数据在经济增长中的作用。在微观层面，数据对企业绩效的影响同样能够在期望效用的框架下进行研究。

再者，当前数据要素交易的几个特点也均表明以效用价值论为基础为数据要素估值提供思路是可行的。其一，数据要素交易的规模不大，从私人劳动转化为社会劳动的普遍情况少；其二，数据消费者对数据评价的异质性高，从个体效用出发更有利于数据要素估值的准确性。通过选择合理的数据要素价值衡量标准，并以数据要素需求方的效用表达出来，可以对数据要素进入均衡状态的机制进行刻画。

回归到数据的价值来源这一问题，从上文可见劳动价值论和效用价值论均可作为研究数据价值的理论依据，而且均发挥基础性的作用。尽管两者在基本假设、核心思想等方面有分歧，属于不同的经济学流派，但这并不影响它们为数据要素估值提供思路和方法，甚至需要共同发挥作用。劳动价值论肯定了数据要素的价值，表明人类劳动依然是数据价值来源的根本；效用价值论则为数据要素的估值与定价提供了工具，具体表现为期望效用理论可为数据要素估值提供坚实的微观基础和可行的分析工具。

## 3.2　数据的价值实现路径

正如阿拉伯数字需要与社会属性相联系才成为数据一样，数据的价值也需要与社会经济生活相联系才能实现，这就是数据应用的场景。

### 3.2.1　数据价值实现的依托：场景

注重数据要素的根本，是要深度挖掘数据要素的价值本质。数据之所以能与土地被列入五大要素，是因为两者的最大共性为基础性和依赖性。土地是农作物、不动产等各类商品的基础，但其依赖阳光、水、空气等生态；数据作为基础，可以衍生出数字经济、智慧城市、智慧医疗等，但其依赖场景、算法、算力等因素。从这点上来说，场景之于数据，恰如阳光之于土壤。

场景对于数据的作用大致有三点。一是价值驱动。没有场景，数据就无用武之地。场景是数据的"舞台"。事实上，也只有在具体场景上，我们才能感受到有价值数据的存在——大到 GDP，小到个人的每天行走步数，都对应到国家经济建设、个人健康管理等具体场景。二是必要条件。我们所说的"场景"，并不只是单纯的痛点、堵点、难点，而是包括人、财、物、信息等各类元素的"事"。场景不仅是数据的"舞台"，还提供了"演员""道具"和"故事"：场景是对数据需求的真实刻画。三是目标方向。数据应用的目标是什么？还是场景，是升级迭代了的场景！场景既是数据的"因"，也是数据的"果"。让数据发挥价值，就是让数据优化改造场景。社会对于新场景的需求是不断升级和永无止境的，而场景的变化就来源于数据。

场景与数据的相互作用可以理解为一种循环，即旧场景、旧数据通过融合赋能，借助于算法形成应用或解决方案，通过增值优化，产出新场景和新数据，继而与"人、物、企、政"关联反应，再度成为需要改变的场景和数据。场景不歇，数据不止！

### 3.2.2　数据要素价值的增长闭环

围绕数据要素价值的激活，可以通过四个关键词来概括。其一是数据流通交易。数据流通交易是数据价值市场化配置的充要条件，是激活数据要素价值的根本。其二是数据创新应用。之所以用"创新应用"而不是"应用"，是因为数据要素的价值仅通过简单、直接的应用不能充分释放，唯有通过数据多源汇聚、融合应用，辅以区块链、隐私计算等技术手段，才能最大化彰显数据价值。数据创新应用是数据要素价值实现的必由之路。其三是数字化转型。数字化转型是全社会为挖掘数据要素价值开展的系统工程。无论是企业还是政府，无论是数字孪生还是元宇宙，本质上都是通过数字化来实现转型升级，创造、输送更多有价值的数据要素。其四是数据资产管理。数据资产化，把各类数据产品、应用、服务变为数据资产，这既是数字化转型的目标和动力，也是数据流通交易的前提和基础。

四个关键词，实际构成了数据要素价值的增长闭环。首先，四者是相互关联、彼此影响的。数据创新应用、数字化转型为数据要素提供源泉和场景，数据资产管理、数据流通交易为数据创新应用、数字化转型提供通道和动力。数据创新应用是数字化转型的重要组成，数据流通交易是数据创新应用的前提保障，数字化转型为数字资产管理创造条件，而数字资产管理则是数据流通交易的基本前提。四者互为前提保障、目标动力，从而构成有机闭环。其次，串联四者的是数据要素，而核心就是数据要素价值。数据要素是四者的共性，而价值是驱动。再次，四者循环往复，能够产生增量、实现增长。数据不同于其他要素，其可复制性、可再生性等特点决定了数据要素的增长是指数级的。在数据要素市场，"1＋1＝3"并非不可能。比如有 A、B 两类数据源，通过数据创新应用遇到 1 个场景，就可能有至少"A OR B OR A＋B"3 个数据产品（解决方案），如若考虑场景成果转化导致的数字化转型，或许会裂化出更多的场景和数据产品，而这些场景、数据产品沉淀后形成的数据资产，通过数据流通交易，又会蝶变出若干新的可用于创新应用的数据源。所谓的"场景无限、数据无限"就是这个道理。最后，我们应该意识到，数据要素价值的增长闭环,还是场景、数据产品(解决方案)的增长闭环,也会是算法、算力、人才、资本、平台的增长闭环,即数据相关各产业的生态循环。

### 3.2.3    从数据迭代升级看数据要素价值

马克思主义政治经济学在谈到商品价值时,重点强调了使用价值和交换价值——"商品的使用价值与交换价值是统一的,交换价值的存在要以使用价值的存在为前提,使用价值是交换价值的物质承担者。"数据作为新要素,同样具备使用价值和交换价值。然而和其他商品相比,数据要素价值至少有三点差异:一是数据要素的价值来自场景且依赖于计算,即数据环境决定数据价值;二是数据的使用价值、交换价值的弹性巨大,两者虽然统一,但实际各自依附于数据应用和数据交易;三是数据是可以不断迭代升级、重复利用的商品。数据价值的表征在于数据的质和量,即数据维度。

先从数据维度说起,数据的质和量的考量方向有很多——数据源、数据格式、数据存储等是常见的数据表征,数据权属、数据颗粒度、数据适用度等则决定了"数据可不可用,数据好不好用"。随着全社会对数据资源的挖掘,数据维度会不断增加、细化,对数据价值的重视和利用也决定了数据维度的重要性与开发的必要性。

再议数据环境。除了大家熟知的场景和算力、算法等,数据视野、数据意识、数据需求亦已成为数据环境生态的重要组成。数据视野是数字化的前提,要实现"万物皆可数",先要做到眼中有万物。数据可以打破各个行业疆界,能够跳出由于自我局限产生的"井",才能看到更广阔的数字世界——元宇宙。数据意识既包括能够利用工具开展数字化的意识,也包括能够在数据海洋中"沙里淘金"的意识,有意识才能有作为。数据需求是最为重要的环境要素。当下数据需求呈现分散、紊乱、脉冲式等特性,也正是由于数据需求的不均衡、不稳定,数据市场不够成熟,价值也难以彰显。

数据价值的实现,既离不开数据环境,也需要数据维度。三者相辅相成,更是构成了数据迭代升级的小循环体系。所谓迭代升级,就是通过数据流通促进数据维度更系统、更完善,数据环境更科学、更进步,数据应用更广泛、更深入,数据交易更安全、更具规模。迭代升级的动力,在于数据流通、价值释放。同理,实现数据价值的更大化、数据使用价值和交换价值的打通,也唯有数据升级。

## 3.3    数据作用于经济增长

数据对社会经济生活的影响,离不开以下几条路径。数据的本质是提供信息和知识的载体。通过数据的收集、处理和应用,我们能够从中提取有用的信息进而辅助分析和决策,带来效率提升和结构优化,实现经济增长和社会福利的提高。

### 3.3.1 数据与创新

创新是经济增长和社会进步的推动力。创新所实现的技术、产品和流程等的突破,直接带来生产率的提高,并转化为更高的产出和经济的增长。创新吸引了研发投资,这有助于资本的流入;研发投资进一步刺激经济活动,带来产品和服务的优化改进,创造新的市场需求。再者,创新理念的普及也会重塑整个社会的创新环境。持续的创新与突破有利于整个经济体进入良性循环。

在国家层面,创新能力强的国家在提升全球竞争力、应对经济危机等方面更具优势。对于微观层面的企业,创新同样重要。经济学家约瑟夫·熊彼特提出了"创造性破坏"的概念,即创新会破坏现有产业,但同时为新企业的出现和成长创造了空间。创新型企业在市场竞争中往往更具优势,一方面,通过创新企业可以为客户提供特有的产品或服务,从而获得竞争优势、扩大市场份额、增强自身盈利能力。另一方面,企业持续创新研发的过程,也是其自身软实力不断提升的过程,会带来企业管理运营、适应性和文化氛围的整体优化。

数据在推动创新方面发挥至关重要的作用。事实上,数字化技术和海量数据的应用带来了新的创新范式,数据本身成为创新性见解和想法的来源,带来基于数据科学决策的创新模式。技术进步依然是创新的源头,海量数据的应用极大地加速了科学研究和技术开发的进程,例如,在药物研发中,以大数据为基础的实验更为精准和全面,而实时反馈的数据又能对模型进行迅速地调整,缩短研发周期。数字化技术本身如机器学习等,数据更是其自身迭代升级的原材料。

具体至企业提供的新产品或服务,在技术创新之外,具备更加符合市场需求的特点。企业通过分析其所掌握的数据,能够更精准地识别产品或服务的市场需求、发展趋势、市场集中度等,从源头上开发出更契合市场的新产品或服务;在产品或服务进入市场之后,又可通过用户反馈数据来实时调整产品或服务、生产和销售计划等。由此,企业的创新成本和风险也得以降低。

### 3.3.2 数据与资源配置

经济学的核心研究问题之一即为如何在资源稀缺的情况下,实现资源配置效率的提升;也就是在特定的环境或系统中,将可用的资源进行合理的分配,以实现最优的目标。具体到经济活动,资源配置面对的是一个社会经济体系,决策者需要将有限的资源或生产要素分配给不同的部门或任务,以满足社会的需求、实现自身的盈利和发展。

生产、分配和消费本质上都是在进行资源配置,以实现经济效率和社会福利的最大化。经济学的一个基本假设是资源是稀缺的,即意味着可用的资源是有限的,而人类社会的需求是无限的。因此,如何在有限资源条件下有效地满足社会需求,成为一个至关重要的问题。资源配置关系到经济效率,即在给定资源条件下如何实现最大的产出和产值,实现资源的最优配置,以使社会获得最大的经济效益。再者,资源配置直接关系到社会的福利水平。如何通过合理分配资源,在满足人们基本需求的前提下,提高生活质量,减少贫困和不平等问题,都是优化资源配置需要回答的。

在数字经济时代,资源配置仍然是一个重要的经济学问题;而且它已经改变了传统经济模式,通过信息基础和决策方式两个方面带来资源配置效率的提升。数字化技术和数据为信息充分度、信息交互效率与信息利用效率的提升,为资源配置效率提高提供了基础。信息的流动和共享使市场更加透明,消费者和生产者都可以获得全面且及时的产品信息如属性、数量、价格等,信息不对称的减少有利于市场上供给和需求更好地匹配,最大限度地促成交易。同时,充分信息也会促成市场趋近于完全竞争,促使企业优化产品或服务的质量等,采取更积极的营销策略以吸引消费者,进一步提升整个市场的资源配置效率。

数据驱动的决策模式使得资源配置更精准、更智能,为资源配置效率的提高提供了智力支持。与以数据为决策依据进行产品或服务创新的逻辑一致,企业通过对历史数据、消费者行为和偏好数据等的综合性分析,可以提供更契合市场需求的产品或服务,这是市场上供给方和需求方配置效率的提升。对于企业内部的生产、库存、销售和运营管理等,通过对企业内部数据的分析,可以全方位提升企业自身的资源配置效率。管理信息系统(management information system,MIS)、企业资源计划(enterprise resource planning,ERP)、客户关系管理(customer relationship management,CRM)、供应链管理(supplier chain management,SCM)等都是企业通过应用数据分析实现各类业务流程管理的非常成熟的数据库,而随着数字化技术的发展,各类数据库之间也得以互联互通,进一步提升了企业自身和上下游企业的资源配置效率。数字化治理是政府部门通过应用数据,实现公共服务提供、基础设施建设等资源配置效率的提升,促成公共资源得到有效的利用,提高社会整体福利水平。

### 3.3.3　数据与适应性组织

组织形式、治理结构或者制度安排,从本质上来看,都是在讲同一件事情:通过设计某种机制,提升效率以实现经济增长,促进公平以维持社会稳定。当前,数字经济时代,新一代信息技术层出不穷、突飞猛进,数据成为关键生产要素,组织形式必然"随机应变",而适应性组织的出现就是体现。从字面含义来看,适应性组织即强调了组织具备的一种能力，可以概括为"适应性"。与适应性的概念相关，组织灵活性、韧性等实际上都是对组织应对内外部市场环境能力的描述。

　　组织的适应性涉及多个维度的内容，包括感知、响应、反馈与优化。瞬息万变的市场环境是经济活动中的极大挑战，但是未知和不确定性是无法完全消除的，适应性组织能够准确地识别出外部环境的变化，如市场需求和竞争态势的变化，以降低其面临的不确定性和风险。基于此，适应性组织能够对变化做出响应，在短期如调整其生产和销售计划，长期如调整盈利模式和战略规划等。反馈即意味着组织会采取各类措施，内部的运营管理、外部的合作伙伴协调等，作为其响应外部环境的举措，以维持或增强其在市场上的竞争力，实现整体优化。

　　数据在适应性组织的形成中发挥着重要作用。依然得益于信息充分程度、信息交互效率和信息利用效率三个维度的提升，在数字化时代组织形式向适应性组织趋近。海量数据的获取与分析，为组织提供了外部市场环境的实时信息，使组织能够及时感知外部变化。与此同时，组织可以通过对数据的分析，针对新的情景做出科学合理的决策，改变或坚持其既定策略，这是对外部变化的响应。组织在市场上的活动可以通过数据获得反馈，并促成其行为决策的持续优化。从广义上，组织可以是企业、国家机构、行业协会、社会团体等，组织形式实际上反映了它们的治理结构。适应性组织的形成，意味着企业、行业甚至是整个经济体韧性和安全性的提高，以适应性来应对社会经济生活中的风险和不确定性。

### 3.3.4　数据与生产要素融合

　　生产要素是经济活动的基本材料，为生产商品和服务提供了必要的投入。生产要素的使用和配置塑造了经济布局，影响经济增长速度和方式。了解生产要素之间的相互作用，以及如何优化它们的配置，能够为经济政策的制定提供基础。在2019年10月31日中国共产党第十九届中央委员会第四次全体会议通过的《中共中央关于坚持和完善中国特色社会主义制度 推进国家治理体系和治理能力现代化若干重大问题的决定》中，首次将数据列入生产要素范畴，提出"健全劳动、资本、土地、知识、技术、管理、数据等生产要素由市场评价贡献、按贡献决定报酬的机制"。技术和数据两种生产要素是数字经济的核心投入，随着它们应用场景的增加，推进整个社会经济向数字化和智能化转型，衍生出新的技术环境和信息结构，传统生产要素如劳动、资本、知识等在社会生产生活中的作用方式也会发生变化，这又进一步带来新的经济增长点。

**1. 技术、数据和劳动要素的融合**

技术、数据和劳动要素的融合有以下几个方向，而且可能是相反的。

其一，增强劳动要素的流动性。得益于数字化技术的发展，地理距离对劳动要素的限制极大地减少。最简单来看，只要一名劳动者能够接入互联网，其劳动技能在家中或地球上任何一个角落都可以施展，网络上各种数字化平台发布的该项劳动技能供给和需求匹配成功后，就代表着这位劳动者的价值实现。零工经济（gig economy）在全球劳动力市场上的兴起就是劳动要素流动性增强的表现。相对复杂的劳动技能，在数字化技术的支撑下，也实现了跨区域的实时流动。远程医疗是非常典型的应用。基本的视频工具、数字化医疗平台等，实现了患者与医生的零距离沟通，代表了医疗资源的普及；在通信基础设施如 5G 网络、物联网等连接速度满足的前提下，远程手术也成为可能，医疗资源的共享不仅限于诊疗意见，还可拓展至实际救治环节。

其二，促成劳动要素的集聚。这与第一点的方向是相反的，但同样是数字化技术对劳动要素流动性的影响。在地理区位上，数字化技术水平较高的区域，是以科技型人才为支撑的，带来技术领域人才集聚在该区域。除此之外，数字化技术发展也会产生技术壁垒，使得各个环节的分工细化，低技能劳动力集中在经济发展水平相对落后的地区。在网络空间上，数字化平台的先进入者、领先者也可能受益于先发优势，促成劳动要素集中于整个平台生态系统。

其三，对劳动要素的替代。自动化、智能化和数字化是各类设备的升级趋势，它们对传统劳动力的替代发生在各行各业。智能制造极大地提高了生产效率，智能化设备如机器人可以承担起越来越多的工种如焊接、组装、包装等，还可以同时完成质量控制，降低生产过程的出错率。聊天机器人、自动电话系统等也促成了人工智能客服的出现，能够为常见问题提供答案、执行部分操作，同样减少了对人工客服的需求。

其四，与劳动要素的互补。数字化技术提升了人类劳动技能，使其任务的完成更加准确、富有成效，即为劳动的互补性，这还有可能创造新的工作岗位。技术、数据和劳动要素的互补在相对高技能的劳动要素中更为常见，在批判性思维、提供解决问题的方法上更上一层。例如，与对劳动要素的替代一致，同样得益于人工智能的发展，金融、医疗、建筑、教育、法律等各行各业的专业知识可以得到迅速的迭代，相关从业人员的技能水平也会得到不同程度的提升，这是技术和劳动要素的互补。

## 2．技术、数据和资本要素的融合

技术、数据和资本要素的融合有以下几个方向。

其一，扩大资本的流动范围。以众筹平台为例的各类线上投资市场的兴起是以数字化技术为基础实现的。线上投资市场上聚集了投资者和募资者，如初创企业等需要资金投入的资本需求方。技术使点对点贷款平台将借款人与个人投资者联系起来。这些平台使用数据分析来评估信誉和促进贷款，从而增加了向借款人的资本流量。

其二,提高投资的有效性和精准度。技术驱动的算法交易系统使用数据分析和自动交易算法在金融市场中进行高频交易。这些系统可以对市场数据做出反应且进行交易的速度要比人类贸易商快得多,从而影响金融市场内的资本流。资本会流向回报率较高的地区或领域。通过数字渠道的实时数据和市场信息的可用性使投资者可以快速对不断变化的市场状况做出反应,从而影响资本流入各种资产和市场。对冲基金和机构投资者经常采用数据驱动的投资策略,利用大数据和人工智能来确定投资机会并有效地管理投资组合。

其三,资本投资布局的变化。数字经济的发展使得大量资本流入数字化领域、行业和企业。在新型基础设施方面,包括数据中心、云计算服务、5G网络等,这些领域的资本投资能够支撑一个企业甚至是地区的数字化运营和服务,并进一步延伸至以人工智能为代表的数据分析业务。软件、数字化解决方案、数字化工具的开发同样吸引了资本的流入,如对数字化营销和广告活动的投资。除此之外,对网络安全、数据隐私保护和安全的资本投资也持续增加,以稳定数字经济的根基。

其四,资本流动的风险。即便在数据非常充分的情况下,信息不对称问题是依然存在的。例如在金融市场中,高频交易算法和对某些数据源的特权访问可能会带来信息可用性的差异,从而可能限制某些参与者的资本流量。网络安全威胁和攻击可能直接导致金融市场中断或财务损失,进而影响资本的流动。从投资者的角度来看,也会存在对数据准确性、真实性以及技术系统可靠性的担忧,这种谨慎态度也会阻碍资本的流动。

第**4**章

# 数据流通场景：经济活动

数据的价值实现源于应用,应用数据的过程就是数据的价值释放,数据的应用场景代表了数据的价值实现路径。基于特定的目标,通过分析、解释和应用来确定、提取和最大化数据的内在价值与效用的过程,即可视为"数据价值化",其存在于商业贸易、学术研究、政策制定和个体生活中。在第 3 章中,本书已经提到场景是数据价值实现的依托。第 4 章和第 5 章将对经济活动和社会活动中的数据流通场景进行介绍。

## 4.1　数据流通与经济循环

数字经济与实体经济的深度融合是必然趋势,与此同时,数据已经深入整个经济循环体系之中,涉及生产、流通、交换、消费等各个环节。

### 4.1.1　数据流通与产品创新

产品创新是指现有产品的迭代升级或者新产品的出现,以满足市场需求或者创造出新的需求。创新是一个国家或企业保持竞争力的根本,是企业应对瞬息万变市场需求的有效路径,使其能有更多的机会进入新的市场领域、提高市场占有率,最终带来企业的盈利以及国家的发展。新技术、新材料、新设计等,都是促成产品创新的可行路径。

#### 1. 数据在产品创新中的作用

数据是企业确定产品创新方向的重要依据。通过分析大量的消费者偏好数据和市场趋势数据,企业能够发现市场对新产品的具体需求以及改进要求,进而用于指导产品的设计和功能的改进,是产品创新的基础。同时,数据可以帮助企业对产品原型进行测试,结合客户的反馈数据,得以降低产品创新的试错成本。除此之外,个性化定制是针对每一个消费者的产品创新,同样以消费者数据为依据,其具体的实现机制会在 4.2 节"数据流通与商业模式创新"中进行介绍。

### 2．案例：蔚来新能源汽车的产品创新

蔚来（NIO）成立于 2014 年 11 月，以打造高端智能电动汽车为目标，并以此为起点建立客户社区。围绕自动驾驶、电动力总成以及电池等智能电动汽车的支撑技术，蔚来具备行业领先的自研自动驾驶技术、换电技术等，并开发了自动驾驶订阅服务（autonomous driving as a service，ADaaS）和电池租用服务（battery as a service，BaaS）。

数据驱动的产品创新在蔚来电动汽车的研发中有多方面的体现，以蔚来品牌下的首款轿车 ET7 为例。蔚来超感系统（NIO Aquila）依托于三种雷达（高精度激光、毫米波、超声波）、高精度定位单元、传感器以及高清摄像头，这些软硬件技术或设备实时捕获的数据，是打造安全可靠自动驾驶系统所必需的。蔚来超算平台（NIO Adam）和软件系统（NIO Autonomous Driving）则为海量数据的处理、分析和应用提供了算力和算法基础。除此之外，自动驾驶订阅服务是免费增值模式和订阅模式的结合，用户可以根据自己的需求选择是否使用 NIO Autonomous Driving 的完整功能。这些用户消费行为、驾驶反馈数据等经过分析，都可被用于优化自动驾驶技术、改进车辆的舒适度、进行预测性的维护和售后支持等，提升客户满意度。

## 4.1.2 数据流通与库存管理

库存管理是指企业对原材料、投入品和成品等存货的采购、存储、使用和销售等的管理。库存管理的最佳效果是在满足生产需求和按时交付的同时，保持合适的库存量以及周转率，既不带来过高的库存成本，也能够应对相对紧急的需求。在信息化时代，库存管理系统（warehouse management system，WMS）已经提升了企业在货物出入库管理、订单管理、库存跟踪等方面的效率。数字化时代的智慧仓储物流带来了仓库操作速度、准确性以及安全性等多方面的进阶。

### 1．数据在库存管理中的作用

数据将市场供求和物品数量呈现出来，通过对数据的分析，再利用智能化设备，实现库存管理的持续优化。实时市场供求数据、历史供销数据、外部市场环境数据等，可供企业进行供给和需求预测，设定经济合理的库存水平，得以降低库存成本、提高供应链协调程度。在仓库中，智能化设备的使用，不仅可以减少人工使用、提高搬运效率等，还可以将实时获得的数据反馈至系统，进一步辅助库存管理。

### 2．案例：兰剑智能的智慧仓储物流

兰剑智能科技股份有限公司（以下简称"兰剑智能"）于 1993 年在山东省济南市创立，最初的业务范围包括三部分：物流系统软件的开发、销售、系统集成和电子商务服务；计算机软、硬件以及外部设备、机电设备的设计、生产和销售；电子产

品、通信器材、办公自动化设备的销售。兰剑智能属于国内较早一批从事物流咨询规划类和物流软件类业务的企业。2002 年，兰剑智能获得科技风险投资，这成为其向科技型企业转型的契机。自 2009 年起，兰剑智能的业务范围又拓宽了三项：物流系统的咨询规划、工艺设计；企业管理咨询；智能楼宇系统工程设计、安装、综合布线。这是兰剑智能从传统物流行业向智能物流行业转变的开始，其自主研发的物流系统开始综合性、智能化地应用于需求企业。2012 年，兰剑智能实施且完成了股份制改造，为其运营范围的进一步扩大提供了更灵活的经济体制，并且开始建设兰剑智能科技装备产业园。发展至 2017 年，仓储服务、设备租赁、包装服务、技术及货物进出口被纳入兰剑智能的经营范围，这是其从物流科技企业转型为智能科技企业的里程碑。2019 年，兰剑智能由山东兰剑物流科技股份有限公司更名为兰剑智能科技股份有限公司，代表着兰剑智能正式迈入数字化赋能企业行列。2020 年，兰剑智能在上海证券交易所科创板挂牌上市。

基于其智慧仓储物流的建设项目和解决方案，兰剑智能形成了"两大理论、一个算法体系"，这成为其数字化赋能的理论基础。两大理论为快速分拣理论和主动式仓储理论；一个算法体系为孔明优化算法体系。兰剑智能在理论和实践经验上的创新，遵循数字化转型的基本逻辑：第一，在物联网、人工智能、云计算、5G 网络等数字化技术或信息基础设施的支撑下，得到海量的、真实的、科学的数据，并且这些数据能够在企业内的部门和设备之间高效流动，为快速分拣理论和主动式仓储理论等创新性物流理论的应用提供充分的信息基础。第二，同样得益于数字化技术的支撑，嵌入孔明优化算法体系的集成化智慧物流系统（incremental multi-hypothesis smoother，IMHS）为数据的高效使用提供了成熟的方案，各类智能化设备的使用为方案的实现提供了可行性，信息交互的实时性、实地性、全面性和连续性促进以智慧仓储物流解决方案为依托的内部协作适应性形成。兰剑智能的快速分拣理论、主动式仓储理论和孔明优化算法体系以集成化智慧物流系统为依托得到全方位的应用。

## 4.1.3 数据流通与智能制造

智能制造是指利用智能化设备、数字化技术和数据分析来提升制造过程的智能化程度。提高产品质量、降低生产成本、优化生产流程、减少事故风险等，都是智能制造给现代化生产带来的益处。传统生产过程的自动化改造已经非常普遍，数据的收集和分析是智能制造相比自动化生产的进阶之处。

### 1. 数据在智能制造中的作用

工厂内各类生产设备不仅可以取代部分人工流程，而且可以将其运行过程中生成的数据上传至系统，对生产过程中人、物、料的实时规划和调整成为可能。通过收集和分析生产线的实时数据，企业可以优化生产流程，提高效率，减少浪费；根据设备性能数据，企业能够预测和预防设备故障，减少停机时间，降低维护成本；数据分析有助于实时监控产品质量，及时识别并解决生产问题，保证产品的一致性和可靠性。

**2. 案例：酷特智能的数字化转型与赋能**

青岛酷特智能股份有限公司（以下简称"酷特智能"）成立于 2007 年，其前身是 1995 年成立的红领集团；红领现为酷特智能旗下的品牌项目。酷特智能在 2003 年已经开始制造业的转型，在 2011 年确定了 C2M 战略，2016 年开始输出解决方案，2020 年服装实验室上市。自 2021 年以来，酷特智能开始打造服装产业互联网平台，并致力于 C2M 产业互联网生态打造。

酷特智能的智能制造是其 C2M 产业互联网的核心能力，包括个性化定制解决方案和数字化治理体系。得益于多年的业务积累，酷特智能形成了服装领域的翔实数据库，包括版型、款型、工艺等数据库，实现个性化的服装定制以及生产过程的提质降本。除此之外，酷特智能的 IMDS 研发设计系统适用于生产个性化定制产品的各个行业；TGS 任务管理系统能够实现成本、人力、质量、时间进度的工作全过程、全周期管理。酷特智能在实现自身数字化转型的同时，还发展为数字化赋能企业。

### 4.1.4　数据流通与物流运输

物流运输是指通过使用各种交通工具（如货车、火车、飞机、船只等）及其组合将商品从一个地方运送至另一个地点。顺畅高效的物流运输是确保商品按时、安全、经济地被交付至收货地点的关键，直接关系到企业的竞争力，是产业链、供应链灵活高效的支撑；在面临紧急情况的时候，也有利于一个国家的物资调度。

**1. 数据在物流运输中的作用**

在物流运输领域，数据的应用对于优化物流效率和提升服务质量至关重要。通过实时追踪和分析运输数据，如车辆位置、货物状态和交通状况，企业能够更有效地规划运输路线、及时优化运输方案，降低延误率。对于正在运输途中的物品，可以随时追踪到其所在的位置以及预计送达时间，用户满意度得到提升。再者，物流运输直接关系到产业链、供应链的响应速度和灵活度，与仓储物流的结合可以带来整个物流系统的优化。

**2. 案例：顺丰的智慧供应链体系**

顺丰是中国领先的快递物流综合服务商，也是全球快递行业的领军企业。1993 年，顺丰在广东省顺德成立，2002 年在深圳成立总部。首创收派计提模式、自主研发红外线扫描器、多元化物流服务发展模式等为顺丰的数字化转型奠定了基

础,并于 2009 年成立顺丰科技。2017 年顺丰控股重组更名且上市,2022 年进入
《财富》世界 500 强、《财富》中国 ESG 影响力榜。

顺丰利用先进的数据系统对全国范围内的运输网络进行实时监控和管理。通
过分析大量的物流数据,比如交通状况、运输时间、配送地址、车辆状态等,再结合
客户端数据,进而预测不同区域的运送需求、提前部署资源,优化运输路线和调度
计划。对货物的实时数据跟踪,提高了配送过程的透明度和可靠性。以覆盖全国
以及全球主要国家或地区的快递网络为基础,顺丰进一步提供了贯穿采购、生产、
流通、销售、售后的智能化、一体化供应链解决方案,覆盖多行业和多场景,成长为
具有"天网＋地网＋信息网"网络规模优势的智能物流运营商。

## 4.1.5 数据流通与市场营销

市场营销是指企业通过多种途径提升产品或服务对消费者的吸引力,以发展
大量、长期、稳定的客户群体,扩大市场份额等,从而实现盈利。通过传统媒介如报
刊、电视等发布广告是经典的市场营销手段,而随着数字化进程的加深,企业与消
费者互动的方式也日益增加,网络直播、个性化推荐、免费基础产品等,都是企业的
营销策略。在数字化技术和数据的助力下,企业制定的市场营销策略有效性和针
对性均获得大幅提升。

### 1. 数据在市场营销中的作用

数据使得市场营销从"以产品为中心"转变为"以客户为中心",对产品或服务
的推送与销售更加精准和全面,数据成为企业制定有效营销策略的关键因素。通
过深入分析消费者行为、消费记录、市场供求和趋势数据,企业能够寻找到更准确
的客户群体,同时开展更有针对性的营销活动。此外,数据还能帮助企业评估营销
活动的效果,例如,通过跟踪广告投放的回报率和客户参与度,对营销策略进行持
续优化。在快速变化的市场环境中,数据驱动的市场营销为企业把握市场动态、扩
大市场份额、提升品牌影响力提供了强大的支持。

### 2. 案例：星巴克的数字化营销策略

星巴克(Starbucks)成立于 1971 年,是全球最大的咖啡连锁品牌之一,以其高
品质咖啡和独特的顾客体验而闻名。星巴克的数字化营销策略展示了如何通过综
合运用数字化技术、数据分析和社交平台来提升顾客体验和品牌忠诚度。这种创
新的营销方式不仅促成了星巴克的持续发展,而且为同行业的数字化转型提供了
经验。

移动应用程序是星巴克收集得到消费者数据的主要来源,并且可以用于移动
支付、订单预订、会员星礼包或星礼卡奖励等。基于消费者的消费历史和消费习惯
等,星巴克可以通过移动应用程序向顾客提供个性化的产品推荐和优惠券,并且不

断优化产品、推出新产品、制定新的服务和营销策略等。除此之外,通过在社交媒体平台上与消费者互动,星巴克得以继续推广其品牌、加深与消费者的联系。

### 4.1.6　数据流通与客户维护

客户维护是指企业通过提供个性化产品、增值服务、售后服务、持续推荐等方法以维持既有客户群体,提升客户对企业的信任感和忠诚度,与客户之间建立起长期、稳定、互信的关系。客户对某种产品或服务的初次消费体验是首要的,企业需要提供非常契合消费者需求的产品或服务。企业通过客户主动反馈的数据以及对产品或服务的持续跟踪,能够提前发现问题、及时解决问题,实现产品的改进和服务质量的提升,这都是企业客户维护意识增强的体现。

#### 1. 数据在客户维护中的作用

数据在客户维护中的应用不仅增强了企业对客户的了解,也为优化客户体验、发展长期稳定客户群体奠定了基础。与数据在产品创新中的作用类似,以数据为驱动的客户维护策略本质上依然是如何通过对数据的分析,生产出契合消费者需求的产品、提供令客户满意的服务、及时识别甚至预测潜在的问题,以全方位地提升客户服务质量,建立起与客户之间更具信任的长期供求关系。

#### 2. 案例:小米集团的客户关系管理

小米集团在 2010 年成立,于 2018 年上市。小米成立之初仅生产手机,在十余年的时间内,其产品拓展至小米盒子、小米路由器、小米手环、小米平板、小米笔记本、小米智能台灯、小米智能音箱等。同时,小米在算法、芯片、人工智能等数字化软硬件技术上持续推进,截至 2022 年 9 月 30 日,小米集团的全球专利授权数和全球专利申请书分别超过 2.9 万件和 5.9 万件。小米有着"和用户交朋友,做用户心中最酷的公司"的愿景,即呈现出其对客户关系维护的重视。

在客户关系管理上,小米通过在线论坛、社交媒体和客户服务渠道积极收集客户反馈。小米鼓励用户对产品和服务进行评价,这不仅能够帮助其他消费者做出购买决策,也为小米提供了丰富的客户反馈数据。利用这些反馈数据,小米持续优化其各类智能化产品,如改进用户界面、更新软件功能以及增加新的硬件特性。以上策略均有利于提升客户的满意度和忠诚度,有利于小米业务的持续增长,提升其品牌价值。

## 4.2　数据流通与商业模式创新

"商业模式"是指一个企业或组织提供产品或服务并实现盈利的方法和策略,是其创造、交付并获得价值的模式。从本质上讲,它回答了一个问题——这家企业是如何赚钱的？价值主张、目标客户、合作伙伴、销售渠道、收入来源等，都是一家企业商业模式的组成部分：如何定位其产品或服务、如何选择客户群与供应商、如何开拓市场以及如何从市场中获得收益。数字化技术和数据的广泛应用，从不同方面促成新产品和新服务的开发，同时改变了生产和交付的方式，企业会根据市场、客户偏好、技术等诸多因素不断调整和完善其商业模式，以保持竞争力和盈利能力。

　　数字化技术是企业能够实现商业模式创新的基础，数据的获取和应用则为商业模式创新提供了方向。数字化平台产生大量数据，企业通过收集和分析这些数据，可以深入了解客户行为、偏好和市场趋势。数据驱动的决策是许多新商业模式的核心。尽管大部分商业模式在传统商业活动中已经出现，数字化技术和数据使其能够在更大规模、更远距离上开展业务。除此之外，这些商业模式之间会相互补充，在部分情况下还会有所重叠。

## 4.2.1　个性化与客制化模式

　　个性化（personalization）是根据个体独特的偏好、兴趣和行为来为其量身定制各类产品或服务的过程。这可能包括从个性化产品推荐到有针对性的广告活动的任何内容。以用户为中心的理念在个性化商业模式的应用中得到了充分的印证，企业通过为用户提供契合其个体需求的产品或服务，与用户建立起更密切、更深入的联系，用户对公司的满意度、信任感和忠诚度都会得到提升。

　　与个性化类似，客制化（customization）同样是以用户为中心，通过提供更契合用户需求的产品或服务，以增进与客户的联系、发展出更具黏性的客户群体。客制化不对用户的偏好做出预设，而是根据用户自行选择的结果，来提供契合用户需求的产品或服务。企业为用户提供的这种选择权或者主导权，会增进用户对企业的认可，提升用户对产品或服务的满意度。

### 1. 数据在个性化和客制化模式中的作用

　　个性化和客制化模式实现的关键在于企业能够精准、全面地了解每一位用户的需求。用户的基础信息（如性别、年龄、所在区域、手机型号）和消费偏好（如浏览记录、购买历史）等数据，就是企业为用户画像的原材料。个性化和客制化存在少许差异，前者是企业根据收集到的用户数据来发现用户的需求，后者则是由用户自己提供数据直接呈现需求，即选择使用哪些数据是由企业决定还是由用户决定。但无论是个性化还是客制化，企业一方面可以根据既有数据为用户持续推荐契合其需求的产品或服务，增加用户进一步消费的可能性；另一方面，企业会根据用户的反馈数据来改进其产品或服务，或者提供售后增值服务等，更好地维系与用户的关系，形成积极的、良性的循环。

### 2. 案例：耐克的客制化运动鞋

耐克(Nike)作为全球知名的运动品牌，在数字化浪潮中同样充分借助于数据的力量，推出定制化、客制化的产品。在耐克 ID 平台上，"Nike by You""Choose a So-You Shoe"和"How to Nike By You"等宣传语无不呈现出耐克对其客制化产品的推动，并以"PiD"(Personal iD)这种由消费者自行命名的方式来增强消费者对耐克产品的归属感。

数据是耐克能够提供客制化产品的基础。通过消费者主动提供的个人偏好数据，耐克在消费者自行选择颜色、材质和设计等的基础上制造出客制化的运动鞋，而且这部分数据还可用于个性化推荐。基于消费者反馈的数据如穿戴体验，耐克得以提升其运动鞋的舒适度和性能。耐克的客制化服务不仅提升了其产品的竞争力，而且巩固了其品牌价值。

## 4.2.2 免费增值模式

免费增值(freemium)模式会为用户免费提供产品或服务的基础版本，若想拥有更多、更高级的功能或服务则需要升级为付费版，其中付费版也会根据差异化的功能级别来设定价格。"freemium"一词较为直观地反映出该商业模式的特点：是"free"和"premium"的合称，即"免费"和"优质"的组合。免费增值模式会通过免费基础功能来吸引大量的用户，在此基础之上促使用户升级版本，从增值服务中获得收益、实现盈利。免费增值模式特别适用于那些能够通过数字化服务吸引大量用户的企业，如在线媒体、软件和云服务。

### 1. 数据在免费增值模式中的作用

对于免费增值模式，企业同样希望通过数据发现用户的偏好。在这种模式下，企业关注的重点是从用户使用免费版本的过程中，摸清哪种功能是最受欢迎的，以此为基础设计高级版的产品或服务，并由此延伸出付费版本。也就是说，在免费增值模式中，数据可以用于提高付费转化率。

除此之外，个性化推荐、产品优化等在个性化和客制化模式中使用的方法在免费增值模式中同样适用，企业会基于实时更新的用户数据对免费版本、付费版本做出调整，实现利润的最大化。

### 2. 案例：网易云音乐的免费增值模式

网易云音乐是网易于 2013 年推出的音乐流媒体业务，2021 年 12 月，网易云音乐上市，在杭州举办线下仪式的同时，同时在网易的伏羲沉浸式活动系统"瑶台"举办线上仪式，并称之为"元宇宙"上市仪式，数字化一直伴随网易云音乐的发展。

所有用户都可以使用网易云音乐的基本音乐流媒体服务，这是网易云音乐提供的基础免费服务。会员服务则是网易云音乐的高级付费版本，并根据不同的会员级别收费、提供差别化的产品。畅听会员、黑胶 VIP、黑胶 SVIP 是三个大类，在每一类下，又可根据需求的时间和连续性付费：1 个月、3 个月、1 年、连续包月、连续包季和连续包年等。畅听会员享有 3 项权益、黑胶 VIP 享有超过 20 种权益、黑胶 SVIP 的权益超过前两者。免费下载、无损音质、专属装扮、数字专辑等，是付费版本提供的高级服务。免费版本使网易云音乐吸引到大量的用户，再对用户的听歌历史等进行个性化的音乐和服务推荐，促成用户由免费向付费转化。例如，针对每一名用户的年度歌单，极大地增进了用户对网易云音乐的黏性。

## 4.2.3　订阅模式

订阅（subscription-based）模式是指基于用户付出的订阅费用，企业会在订阅期内为用户提供持续性的产品或服务。按月付费、按季度付费或按年度付费等，都是用户可选择的订阅期限。相比一次性交易，订阅模式的收入相对稳定，并且用户可能会发展为企业的长期客户。订阅模式在传统行业中一直存在，如报纸杂志、有线电视等。随着数字化程度的提高，订阅模式在越来越多的行业中出现。

### 1. 数据在订阅模式中的作用

在订阅模式中，企业会通过数据来设计合适的订阅服务。与个性化、客制化、免费增值模式相同，数据同样需要用于挖掘用户的偏好，以实现客户细分、服务优化等。但是订阅模式以一系列标准化的产品或服务包为主，并且一般不设置免费版本，针对不同的时间间隔持续收取费用，相应的数据分析就侧重于如何提升用户续订率。

### 2. 案例：微信读书的订阅模式

微信于 2011 年由腾讯公司发布，历经十余年，已从最初的即时通信工具衍生出一系列功能，2015 年发布的微信读书就是基于微信关系链打造的阅读平台。相比其他线上阅读平台，"社交化阅读"是微信读书的创新之处，除了基本的阅读服务，书友圈促成了用户与微信好友、书友之间在想法、阅读内容上的交流，增强了用户黏性。

微信读书既包括免费增值模式，也有订阅模式。微信读书的用户都可以享受微信读书的免费服务，但是通过开通付费会员服务则可获得更多的功能。微信读书的连续包月、月卡、季卡、年卡等，实际上是用户对微信读书的订阅，用户能够无限制地阅读全场出版书籍、畅听全场有声书等。微信读书基于用户阅读数据和算法分析得到用户的阅读偏好，进行个性化推荐，增加微信读书对用户的吸引力，再辅之以读书社区的打造，促进更多用户转向付费订阅服务。

## 4.2.4　数据即服务模式

数据即服务模式是通过网络提供及时、可扩展的数据相关服务，用户无须在本地存储和管理数据,而是从远程服务器访问和处理数据。作为云计算模型的应用,数据即服务模式允许用户按需付费,即根据用户实际使用的计算资源来计费,降低了用户使用数字化服务的门槛和成本。

**1. 数据在数据即服务模式中的作用**

数据即服务模式本身即以数字化服务、数据产品等为交易对象,是数据应用的直接体现。相比前文的几种模式,数据即服务模式侧重于提供数据和数据相关的服务,如数据清理、数据集成和数据分析等。企业也会为用户提供持续或后续的增值服务,但持续订阅并不是它们的核心盈利点。除此之外,企业所提供的数据产品或服务通常需要付费,不设置免费服务层级,进而通过免费的方式吸引用户群体也不是此模式的策略。

**2. 案例：数字化原生企业的数字化赋能**

数字化原生程度高的企业,在为其他企业的数字化赋能方面有得天独厚的先发优势。信息通信企业、高科技企业等,持续为其他企业提供数字化转型的解决方案和服务。在云计算解决方案方面,如基础架构作为服务(IaaS)、平台作为服务(PaaS)、软件作为服务(SaaS)以及云存储和备份服务等。在软件开发方面,如网络和移动应用程序开发、企业软件解决方案、集成和 API 的开发等。在电子商务和线上支付方面,如提供电子商务平台、支付网关和处理服务以及数字化店面等。在供应链和物流解决方案方面,如供应链管理系统或软件、物流和运输管理、库存优化和需求预测等。在数据安全和隐私保护方面,如区块链、智能合约的开发以及加密数字货币的应用等。

## 4.3　数据流通与协作模式创新

合作在现代经济中的重要性不言而喻。自互联网出现以来,经济主体之间的合作方式即开始打破传统模式,呈现出灵活性、多样性和边界不确定性等多种特点；得益于数字化技术的发展和数据的应用,经济主体之间的协作模式更呈现出新的发展态势,带来整个经济体的运行优化和效率提升。

### 4.3.1　数据流通与跨界融合

跨界融合是指来自不同行业的企业或组织之间的合作。跨界融合能够集结不同领域的专业知识,破除发展过程中面临的障碍、创造出新的经济增长点,实现互利共赢。在数字化技术的支撑下,数据大规模、宽领域地流通,进一步弱化了行业间的边界、加强了不同行业之间的连接。

**1. 数据在跨界融合中的作用**

数据共享或数据产品的提供是连接起不同行业的核心内容,也成为跨界融合的底层逻辑。企业所具备的信息基础或掌握的数据库会影响其跨界经营和跨界融合的方向与模式。在原生数字化行业和传统行业的融合中,数字化解决方案的提供就成为跨界融合的原因,这是数字化转型过程中最为普遍的融合方向。若跨界融合发生在两个非数字化行业中,数据的共享则有利于合作主体之间做出更科学的决策,这是双方合作的数据基础。再者,数据的共享既有利于增进合作主体之间的相互信任,也会对双方关系产生制约,由此进一步促成跨界融合。

**2. 案例:公共数据产品"北方中心商业保险理赔服务"**

首个卫生健康领域的公共数据产品"北方中心商业保险理赔服务",由国家健康医疗大数据中心(北方)(以下简称"北方中心")开发,并于2023年7月17日上架山东数据交易平台,且获得数据产品登记证书。该数据产品应用于商业保险理赔服务,受理投保群众线上快捷理赔申请,在保障数据安全和个人授权同意的前提下,简化理赔服务手续、加快赔付速度、提升商保理赔的效率。

这是医疗行业和保险行业的跨界融合,主要合作方涉及科技公司、保险公司和医疗机构。此类数据产品的开发以大量的医疗数据、健康数据和保险数据为基础,医疗数据和健康数据如患者的就医记录、身体生理指标、医学影像材料等,保险数据则包括客户的保险购买记录、理赔记录等。对以上数据的分析,使得保险公司可以更了解客户的健康状况、更准确地评估客户的健康风险,进而预测潜在的健康问题和疾病风险;这有助于保险公司制定更合理的保费和保险条款,为客户量身定制更合适的保险计划。

具体到本案例,北方中心实际上扮演着科技公司和保险公司的双重角色。数据产品"北方中心商业保险理赔服务"尚不涉及基于健康、医疗和保险数据来开发保险产品,主要是通过共享上述数据,更准确、迅速和便捷地验证客户理赔的合法性与合理性,实现理赔效率的提升。

## 4.3.2 数据流通与平台经济

平台经济模式是以数字化平台、互联网平台为载体,将多方、大规模经济主体(如生产者和消费者、产业链上下游企业等)连接在一起,并促成上述经济主体之间的互动和交易,实现平台用户和平台企业的价值共创。数字化平台、互联网平台已经成为数字经济时代不可或缺的市场空间,同时重塑了各方经济主体之间的协作模式。

**1. 数据在平台经济中的作用**

平台上数据的流通为线上市场提供了充分的信息,这成为数据赋能平台经济的基础。互联网、移动互联网的全面发展为平台经济的兴起与繁荣提供了技术基础,打破了地理空间对市场交易的限制;数字化平台、互联网平台作为线上市场,为生产者、消费者、供应商、客户等各方提供了大量公开的供给和需求信息,极大地降低了整个市场的信息搜寻成本,也就是交易成本。其次,平台还可以通过算法设计直接为需求方寻找到最优的供给方。再者,平台(企业)作为连接各方用户的中介,也能够为买卖双方提供担保。以上均有利于市场上供求双方的匹配,提高了整个市场的运行效率。

**2. 案例:阿里巴巴的商业生态系统**

阿里巴巴集团于 1999 年在杭州创立,最初集中于商品贸易批发,分别成立了阿里巴巴国际站以及阿里巴巴中国交易市场。2003 年,网上购物平台淘宝成立,并完成了第一笔担保交易,并于 2010 年推出手机淘宝客户端。2014 年,阿里巴巴集团上市。阿里巴巴作为中国最大的电商平台之一,一直致力于拓展其业务范围,从其初始的电商业务,发展至今在金融科技、物流、云计算、数字媒体和娱乐等领域也极具竞争力。

阿里巴巴集团业务范围的拓展离不开其数据驱动的业务模式在其他行业的应用。阿里巴巴集团通过其旗下的支付宝等金融业务,拥有了大量的用户数据,可以为金融行业提供更好的风控服务和个性化推荐服务,蚂蚁金服已成为全球领先的数字支付和理财平台。在物流领域,阿里巴巴集团将其物流数据与云计算、人工智能等技术结合,给物流行业带来更高效的解决方案,其搭建的物流平台菜鸟网络已成为国内最大的物流网络之一。阿里巴巴集团还通过其医疗业务阿里健康,将其数据资源应用于医疗行业,提供在线医疗咨询、药品配送等服务。阿里巴巴集团已经涉足了众多领域,但其进入不同行业的方式是有差异的。例如,阿里巴巴集团对医疗和教育行业进行投资,但并未完全进入并拥有自己的主营业务;与部分非数字化领域如钢铁行业,阿里巴巴集团的物流平台与部分钢铁企业有合作关系,提供物流服务,这也成为阿里巴巴集团拓展产业链的一种方式,但对钢铁行业并无直接投资。综合来看,阿里巴巴集团凭借强大的数据资源,并且不断将其应用于其他行业,实现了业务的多元化和升级,持续提升阿里巴巴集团在不同行业中的竞争力和议价能力。伴随着数字化时代的到来,阿里巴巴集团从电商企业成功转型为数据公司。

## 4.3.3　数据流通与产业集群

产业集群指的是在一个特定的地理区域内,相互关联的企业、供应商和相关机构因相互之间的纵向、横向联系与合作而聚集在一起,形成在生产、研发、销售、供应链等方面的互补和协作,共享各类资源(如基础设施、供应链、人才等),进而带动整个产业集群的发展。便捷的交通、丰富的资源、优惠的政策、特定的文化背景等能吸引企业入驻集群,产业集群的形成又会进一步扩大产业规模,带动当地经济的发展。产业集群强调的是地理空间上的集聚和相互之间的网络关系,关注的是如何通过空间的接近和网络的连接来提高整体产业集群的竞争力与创新能力。

**1. 数据在产业集聚中的作用**

产业集群由于其独特的形态,在网络效应、集聚效应、知识外溢等多个方面受益。数字经济对这些效益起到了催化作用,为产业集群的发展注入新的活力。

各类经济实体在特定地理区域的集聚促成了产业集群的网络效应,当一个实体加入产业集群时,其他实体的价值也会增加。随着产业集群内的实体数量增加,每个新成员带来的附加价值也会增加。在相邻的地理位置,企业可以更容易地共享人才、设备等资源,地理位置邻近的公司之间的合作更加便捷,并且加强了相互之间的信任,有利于长期关系的建立。数字经济的发展从多方面使得这种网络效应进一步增强。数字化基础设施的共享可以加强产业集群内企业之间的连接;数字化平台的搭建直接扩大了产业集群面对的市场范围,加速了市场信息的流动,有利于产业集群内外企业的联系,不断放大产业集群的网络效应。

知识外溢效应是产业集群的又一特点。产业集群内的企业往往在特定的行业或领域内有深厚的专业知识,有利于知识和技能以产业集群为依托实现扩散,在集群内实现技术和方法的共享。产业集群内的员工流动,是知识和技能的流动,加速了知识的传播。互联网和信息传输技术的发展,使得知识的传播更加便捷,在全球范围内均可以实现知识共享。数字化工具使得线上会议、协同软件等越发普及,有利于集群内外知识和见解的分享与传播。数据分析等使得企业获得更精准的信息,直接促成知识和技能的迭代升级。

**2. 案例:数字产业集群的兴起与发展**

在数字经济的各种新模式、新业态中,数字产业化和产业数字化均与产业直接相关,是数字经济和实体经济融合的产业创新模式,从广义上都属于数字产业。基于《数字经济及其核心产业统计分类(2021)》,数字产品制造业、数字产品服务业、数字技术应用业和数字要素驱动业四大数字经济核心产业可被列入数字产业化的范畴,是提供数字基础设施、技术、产品和服务的产业活动;数字化效率提升业侧重于产业数字化,是应用数字技术和数据要素给传统产业带来的产出增加与效率提升。数字产业集群是数字产业化与产业数字化过程中,依托数字经济核心产业以及数字化效率提升业,得益于各类经济主体和各种智能化物体的协作创新催生的集群式产业生态系统。

相比传统产业集群,数字产业集群具有以下特征:第一,要素融通。以数据为关键因素,传统要素通过网络平台实现广泛连接,加速数据化,实现自动化流动。

第二，网络协同。以新型基础设施为支撑，基于网络平台提升内部协同效率，推动产业链上下游共享各类信息资源。第三，产业融合。通过数字技术应用和网络化合作推动跨界融合，实现价值共创。第四，生态开放。数字生产力系统推动集群技术进步、产业协同、效益提升。深圳新一代信息通信集群、粤港澳大湾区电子信息产业集群、阿里巴巴数字化产业带、微软云生态等都是数字产业集群的典型代表。

# 第5章

# 数据流通场景: 社会活动

第 4 章对经济活动中的数据流通场景进行了介绍,本章则从社会活动的视角来看数据流通的场景。正如数字化转型已经深入社会生活的方方面面,数据也已经在社会治理和日常生活中发挥着重要作用。

## 5.1　数据流通与社会治理

社会治理主要由政府机构或公共服务部门主导,数据成为提高社会治理效率的有效工具。本节对数据在电子政务和智慧交通中的作用进行分析。

### 5.1.1　数据流通与电子政务

电子政务指的是政府利用数字化技术、搭建数字化平台来提供公共服务,并带来社会治理效率的提升,提高政务活动的公开度和透明性,实现政府服务质量和效率的全面优化。线上业务处理、公众参与平台、政府各个部门之间的数字化管理等,都属于电子政务的范畴。

#### 1.　数据在电子政务中的作用

在电子政务领域,数据的应用促成了高质量、高效率的政府服务和公共治理。通过收集和分析各类公共服务业务的相关数据,如公共服务需求、行政审批手续等,政府对社会所需的服务有更深入的了解,并可以采取数字化的手段进行优化。各类公共数据的开放和共享,使得公民能够在不同权限下访问其所需要的信息,提高了公共服务的透明度,有利于公众的监督。通过实施电子政务,政府不仅能够提高内部运作效率,也能在提供公共服务时更加贴近民众,实现治理的现代化。

#### 2.　案例:"爱山东"政务服务平台

"爱山东"App 由山东省大数据局统筹全省各个级别、各个部门的移动端政务资源,是于 2019 年 1 月上线的数字化政务服务平台。"爱山东"App 以打造公众身边的服务指南为目标,使公众能够随时随地访问政府资讯和办理政府相关业务,实现政务服务的跨地区、跨层级、跨部门"一号申请、一次登录、一网办理"。

数据互联互通是"爱山东"App 能够打通的关键,各类功能的实现以真实信息的及时验证为基础,而这正是数据发挥作用的空间。"一号申请"即通过居民的个人身份信息登录,这是对用户基础信息的核验,并且可与用户的其他信息相互关联,如"五险一金"、婚姻信息等。登录"爱山东"App 可以办理多种业务,如身份户籍、交通驾驶、住房保障、健康就医、教育考试、旅游出行等,作为一个集成的政府信息平台,自动化和数字化提高了处理速度与透明度,同时可以通过大数据分析来预测公民对社会服务的需求,持续提高政务服务质量。

### 5.1.2　数据流通与智慧交通

智慧交通指的是将数字化技术和数据用于交通基础设施以及交通工具中,实现交通运输的管理和优化。智慧交通管理系统、自动驾驶汽车、实时交通数据分析等,都是智慧交通的应用。智慧交通在改善城市交通状况和市民出行体验的同时,实际上对整个城市的管理体系、绿色低碳发展等均有重要意义。

#### 1. 数据在智慧交通中的作用

在智慧交通中,实时数据收集和分析对于优化交通流量、减少拥堵、提升道路安全至关重要。通过分析车辆流动数据、交通信号状态和道路状况,智慧交通系统能够实时调整交通灯控制和路线规划,从而减少交通拥堵、提高整体通行效率。此外,利用数据分析预测交通流量,在城市规划的过程中得以制定更高效的道路交通规划和进行基础设施建设。在提升公共交通服务水平方面,智慧交通系统也通过数据驱动的方法,优化公交路线和班次安排,提高公共交通的吸引力和使用率。数据在智慧交通领域的应用不仅提升了城市交通的流畅性和便捷性,同时有利于环境保护和可持续发展。

#### 2. 案例:青岛真情巴士智慧公交项目

青岛真情巴士集团于 2015 年 8 月启动"智慧公交项目",综合应用车联网、云计算、大数据、5G 网络、北斗导航等数字化技术和理念,实现车辆外部设备、主要板块、软件系统的远程监控、设置及升级功能,打造出基于车辆的人、车、物、路、客的全要素数据信息平台,打通智慧公交智网系统、综合管理系统、生产管理系统和运维系统等数据中心。

数据是真情巴士智慧公交项目各种成效的基础。从出行安全上,通过远程监控可对驾驶员危险驾驶行为进行及时预警、实时干预,并结合历史交通安全数据和事后安全分析数据建立新的事故预防举措。从乘客体验上,通过真情巴士 e 行App 提供公交车辆的位置信息、预计到站时间、车厢温度、车内拥挤度等,使得乘客提前规划、随时调整出行安排。从路线规划上，整合车辆、公交车场、公交站台、客流量、道路状况和天气等多种数据，实现客流的"点—线—面"分析，制定出最优、最经济的公交路线。

## 5.2 数据流通与日常生活

本节将介绍数据在教育和医疗领域的应用，推动智慧教育和智慧医疗的实现，这两个方面直接关系到人们的生活水平和质量。

### 5.2.1 数据流通与智慧教育

智慧教育指的是在教育领域，通过数字化技术和数据分析来辅助教学活动、提供教育资源。在线教育平台、虚拟实验室、个性化学习方案等都是智慧教育的应用。智慧教育的推行，不但提升了教育质量和效率，还有利于普惠教育的实现。

#### 1．数据在智慧教育中的作用

智慧教育中数据的运用对传统教育模式产生了较大的影响，"因材施教"教育模式的实现成为可能。传统教育中，教师对学生的了解主要基于课堂表现和考试成绩，但很难有时间和精力熟知每一个学生的情况。而大量教学相关数据的收集和反馈，再加以数据分析，使得教师能够相对容易且更为深入地了解学生的学习状况、识别学生面临的难点，从而对教学内容或教学方法进行调整，以最大限度地满足学生的学习需求。除此之外，在宏观层面，课程体系的设置、教师资源的分配等，都可以通过对数据的分析得到更为科学有效的决策方案，提升整体教学质量。

#### 2．案例：可汗学院的在线教育

可汗学院（Khan Academy）在 2008 年由 Salman Khan 成立，是一个非营利性的教育平台，其目标是"为世界各地的所有人提供免费的一流教育资源"。可汗学院提供的线上免费教育资源，涉及数学、经济和金融、艺术和人文、计算机科学、自然科学等多个领域，适用于各个年龄层的人群，旨在打造真正的全球课堂。

作为一个在线教育平台，可汗学院的教育资源可以被全球各地接入互联网的人群访问，包括视频、案例、练习题等多种形式。得益于此，用户可以自主自愿地选择适合个体的学习资料。可汗学院不仅提供基础教育资源，还对平台上的用户数据进行分析，用于跟踪学生的学习进度和成效，给出个性化的学习建议、改进课程设置和教学方法等。可汗学院的免费在线教育平台是智慧教育的典型代表，能够扩大教育的受众群体、提升全球教育水平、促进教育公平等。

### 5.2.2 数据流通与智慧医疗

智慧医疗指的是将数字化技术和数据科学应用于医疗健康、公共卫生领域。

远程医疗、个性化医疗、电子健康记录、基于数据的医疗救治等，都是智慧医疗的应用。智慧医疗在提高救治效率、提升医疗服务质量、优化就诊流程等方面均发挥着重要作用，也可扩大医疗资源的受惠群体。

**1. 数据在智慧医疗中的作用**

智慧医疗的发展依赖于对医疗数据的深入分析和应用，这不仅提升医疗救治效率，也改善患者的就诊体验。个性化医疗健康服务尤为突出，它使医生能够基于患者的个人基础信息、健康记录和生活习惯等提供个性化的治疗方案。通过利用人工智能和机器学习技术分析大量医疗数据，医疗专家能够更准确地诊断疾病、预测疾病风险，并发现新的治疗方法。此外，数据驱动的健康管理移动应用，使患者能够随时了解自身的状况并做出反馈，同时提高了医疗资源的可访问性。

**2. 案例：美国梅奥诊所的智慧医疗实践**

美国梅奥诊所(Mayo Clinic)是世界领先的医疗机构之一，有着先进的医疗技术和前沿的医学研究。梅奥诊所成立于 1864 年，以"攻克最棘手的医学难题 专注照护每一个人"为目标。作为全球规模最大的综合性非营利性医生执业组织，梅奥诊所利用数字化技术和数据，进一步提高其医疗救治水平和为患者服务的能力。

梅奥诊所的电子健康记录系统(electronic health record，EHR)，用于整合以及管理患者的医疗信息，实现治疗的连续性。对大量患者数据如就诊记录、治疗效果等进行分析，医生得以优化对患者的诊疗方案，并用于医学研究，推动整体医学水平的进步。梅奥诊所提供的远程医疗服务，使得患者无须到访即可得到专业的医疗建议，甚至可以直接获得医疗救治。

# 第6章

## 数据流通的市场生态体系

随着数据流通范围的扩大、数据价值被认可的程度提升,从数据流通到数据交易成为必然的趋势。数据不仅是个人、企业或组织内部使用的生产要素,也会成为一种商品、服务或资产进行交易。数据交易市场的兴起也为数据交易提供了场所,数字化技术则推动数据交易向安全可靠的方向发展。数据交易市场的规模会不断扩大,将成为数字经济不可或缺的组成部分。

相比数据流通,数据交易是一种市场行为。数据交易涉及数据所有权或使用权的转移或变更,数据交易的实现依赖于市场上数据需求方和供给方的匹配,通过不同的机制实现,并且需要遵循相关的法律规定等。由此,数据交易即涉及数据流通的市场生态体系建设,本章将对数据交易市场中的参与主体和数据交易的发生场所进行介绍。

## 6.1 从数据流通到数据交易

全球范围内,数据交易市场均处于蓬勃发展的阶段,尽管也存在诸多问题。并非所有的数据都会从流通走向交易,但数据要素市场化依然是推进数据要素价值实现的路径之一。

### 6.1.1 数据流通与数据交易的概念

数据流通和数据交易是相互关联,但不能等同的两个概念。数据流通指的是数据在不同的个人、企业、组织或系统之间的传输,并且在传输主体之间进行共享,涉及数据收集、存储、传输、处理、分析和应用等全生命周期的环节。数据交易是以数据为商品或服务的买卖行为,实现数据所有权或使用权从一方到另一方的转移。

从数据流通和数据交易的概念即可发现,数据流通是一个更广泛的概念,而数据交易特指数据的买卖行为。数据流通是数据交易的前提与基础,数据交易是数据流通的一种形式。从狭义上看，如果数据仅在持有者内部，并没有向外界公开，这种内部数据并没有涉及数据流通，更谈不上对数据进行交易。从广义上看，数据在持有者内部的流动也属于数据流通，如数据在企业或政府不同部门之间的传输和共享，但是在没有买卖的情况下，这种内部的数据流通也不是数据交易。

无论是数据流通还是数据交易，实际上都以获得数据为目的，并通过对数据的处理、分析和应用，以实现决策的优化和效率的提升等。两者的不同之处在于，数据交易强调数据的经济价值，数据不仅是一种生产要素，还是一种资产，可以通过货币价值进行评估或衡量。数据流通是数据交易的基础，数据是否可访问、可互操作、合法合规和安全等是数据流通环节就需要解决的问题；而数据的价值评估、交易机制、价格发现等是数据交易所涉及的重要内容。

## 6.1.2　数据交易市场现状

在数据流通范围扩大、数据交易规模激增的背景下，以数据交易所、数据交易平台为代表的数据交易市场的发展成为必然趋势。市场内交易能够提供安全、透明、规范的数据交易环境，为数据产品交易的达成提供各种便利与服务，促进数据的流通与价值实现。

### 1. 国内数据交易市场

2023 年 11 月 25 日全球数商大会在上海召开，根据会议上发布的《2023 年中国数据交易市场研究分析报告》，2022 年中国数据交易行业市场规模为 876.8 亿元，分别占全球数据交易市场规模和亚洲数据交易市场规模的 13.4% 和 66.5%。截至 2022 年年底，全国新建各类数据交易机构 80 多家，全国副省级以上政府提出推进建设数据交易中心(所)30 余家。"支持北京、上海等地数据交易机构高质量建设，鼓励各类市场主体参与数据要素市场建设，探索多种形式的数据交易模式，推动数据要素价值转化"是目前我国数据交易市场的工作方向之一[13]。

根据 2022 年 12 月 19 日，中共中央、国务院印发的《关于构建数据基础制度更好发挥数据要素作用的意见》，目前我国数据交易场所的建设类型具体可分为以下三类：①国家级数据交易场所，为社会数据及非区域性公共数据提供集中交易的场所，确保数据交易的广泛性和高效性；②区域性数据交易中心，在国家级数据交易场所的基础上建立，专注于区域性公共数据的交易，促进地方数据资源的优化配置和有效利用；③行业性数据交易平台，同样依托于国家级数据交易场所，并专注于特定行业，旨在加强行业内数据的整合与应用。

2015 年成立的贵阳大数据交易所是我国首家数据交易机构。在其公开的数据交易市场上已经有千余项数据产品，包括数据服务、数据产品和离线数据包，涉及经济建设、环境资源、道路交通、教育科技、文化休闲、地理空间等领域。自贵阳大数据交易所成立后,全国各地均开始了对数据交易平台建设的探索。2019年12月11日,山东数据交易有限公司成立,定位为省级综合性数据服务平台,将发挥交易平台、产品开发和生态搭建三大功能。2021年,北京国际大数据交易所、上海数据交易所、西部数据交易中心、深圳数据交易所等成立;2022年,广州数据交易所落地广州南沙。2023年全球数商大会上,数据交易链正式启用。数据交易链由上海数据交易所、浙江大数据交易中心、山东数据交易有限公司、广州数据交易所、广西北部湾大数据交易中心、西部数据交易中心、北方大数据交易中心七家省级数据交易机构发起并建设联盟链共识节点,这是我国数据交易市场的重要发展节点。

　　根据以上数据交易所官方网站公开的信息,我国数据要素交易市场有以下几个特点。首先,不同领域的数据要素已经在数据要素市场上呈现,数据资源或数据产品的应用范围越来越广泛,对其进行交易的意识也不断增强。其次,在数据要素交易市场上呈现的数据资源或数据产品,有明确价格标注的是少数。结合各个数据交易所发布的新闻,大部分数据产品的价格不属于公开信息范围。再次,数据要素交易主体以国企和央企为主。如上海数据交易所在挂牌成立后完成的首单交易,是工商银行和上海电力的“企业电智绘”数据产品,涉及电力大数据在金融产品和服务中的创新;西部数据交易中心在成立当日的首单交易,发生在国网重庆市电力公司与中国移动通信集团有限公司重庆分公司之间;在广州数据交易所成立的当日,湛江推出了“全联进贸通”数据产品,涉及水产行业社会数据与银行机构数据的对接。最后,从交易所的盈利模式来看,各地各类交易场所都在积极探索。目前主流的盈利模式包括三类:佣金收取交易手续费、会员制收取会员费、增值服务收取服务费。综合来看,目前国内数据要素交易市场上,数据资源或数据产品的交易依然处于初期阶段,参与主体的身份以及所处领域相对单一。

## 2. 国际数据交易市场

　　纵观国际数据交易市场,2022年全球数据交易平台规模约为9.68亿美元,且预计从2023年到2030年将以25.0%的复合年增长率增长。其中,北美地区在2022年领先于全球其他地区,市场份额占全球总量的近36%,主要由于北美地区物联网解决方案的普及以及前沿数字化技术的部署,如人工智能、增强现实/虚拟现实(AR/VR)以及机器对机器(M2M)通信的进步;推动该地区数据交易市场规模扩大的主要机构包括Acxiom LLC、AWS、Snowflake和Quandl等。亚太地区的数据交易市场也具有大幅发展的潜力,预测会以近30%的复合年增长率增长。中国和印度拥有广泛的客户群,是推动亚太地区数据交易市场发展的主要力量;对于该地区,数据交易量的增长主要将是来自物联网技术和数字化基础设施的不断完善,以及数据交易平台服务在社会治理、医疗健康、智能制造和金融服务等多领域的日益普及[15]。面对如此庞大的数据交易市场规模和数据交易需求,世界经济论坛发起了数据协同倡议组织（data for common purpose initiative，DCPI），由来自 25 个国家、80 多个组织的 170 余名成员组成，旨在通过引领数据政策和使用条款来实现数据对个人、公共部门和商业企业的价值，促成安全高效的数据流通和交易。

在国际范围内，有大量成熟的数据交易平台和数据交易所。数据交易平台主要分为四类：个人数据交易平台、B2B（企业对企业）数据交易平台、内部数据交易平台以及物联网（IoT）数据交易平台。①B2B 数据交易平台，适用于在企业和组织之间交易数据。B2B 数据交易平台是当前国际上最流行的一种模式，因为当前数据购买方几乎都为企业，数据交易平台上个人购买数据的行为相对较少；同时，由于企业具备大数据收集和存储空间，也就延伸出将收集到的数据货币化的业务，这些都促进了 B2B 数据交易平台的蓬勃发展。从买方角度来看，企业选择从 B2B 平台购买数据而不是获取开源数据，是因为 B2B 数据交易平台主要提供加工和处理后的分析级数据产品或 API 接口。这类平台的代表有 Datarade、Snowflake、AWS、Oracle 等，其中 Datarade 是世界上最大的数据交易平台，拥有 2000 多家来自世界各地的数据产品供应商。②个人数据交易平台，是一种去中心化的数据交易平台，源于消费者对科技公司无偿使用个人敏感数据的不满而产生的一种数据交易模式。个人数据交易平台的出现允许每个个体自愿授权共享其数据并获得报酬，Datum、Datawallet 等都是此类平台的代表。③内部数据交易平台，由于对数据分析的需求日益增强，国际上一些科技企业开发了内部数据交易市场和目录，使用相关软件或平台的用户都可以访问这些内容。拥有内部数据交易平台的代表企业有 Alation 和 SAP。④物联网（IoT）数据交易平台，在该平台上购买的数据完全来自物联网上的接入设备，能够为买方提供来自数百万个数字接触点的实时信号。Streamr 是此类数据交易平台的代表。

# 6.2　数据交易的参与者

数据交易市场的参与主体，是推进数据要素市场化、数据流通和交易的主要责任人，既参与数据从采集到应用的全生命周期流程，也是数据从估值到定价的实践主体。明确数据交易过程中的参与主体，有利于解决数据成本的划拨、产权的明晰等数据估值面临的问题。数据交易的主要参与主体可以根据不同的维度进行划分，如从参与数据交易的经济主体维度、从大数据的技术架构维度等进行划分。

## 6.2.1　参与数据交易的经济主体

数据交易参与主体之间的关系是一个相互依存、互利共赢的生态系统，包括但不限于数据需求方、数据供给方、数据经纪人和数据交易监管方等数据交易涉及的第三方经济主体。

### 1. **数据需求方**

对数据的需求是推动数据流通和数据交易的源泉。数据需求方指的是出于不同目的对数据有需要的个人、企业或组织等。在获得数据之后，数据需求方还可以对数据进行加工与处理，不一定是数据产品的最终用户。在科学研究领域，研究人员作为数据需求者，基于获得的数据进行研究与探索，推动自然科学和社会科学的持续进步。在商业活动中，企业利用数据研究消费者行为偏好、分析市场趋势，以便于开发更契合市场需求的产品或服务，制定科学有效的商业策略等。在金融市场上，投资机构利用市场数据和金融产品数据来评估投资产品，以降低投资风险。

### 2. **数据供给方**

对数据需求的满足依赖于数据的供给。数据供给方指的是提供数据产品的个人、企业或组织等。细分来看，数据供给方涉及多个角色。其一，数据的直接出售方。出售数据的经济主体通过卖出数据获得收入，他们出售的既可以是原始数据，也可以是加工和处理过的数据，如果他们的经营范围包括后者，他们也具备数据处理和加工服务商的角色。其二，数据处理和加工服务商。此类经济主体是数据的供给方，特别是对于数据产品，往往需要对原始数据进行不同程度的处理和加工，他们获得收益主要通过提供技术服务，而非直接出售数据。其三，数据的提供方。即便在数据交易市场上，提供数据的主体并非全部以盈利为目标，部分可能仅仅为数据需求方提供数据资源。政府部门、科学研究机构、非公益组织以及企业等，都有可能无偿地提供数据。总体来说，在数据交易市场上，以前两类数据供给方为主。

### 3. **数据经纪人**

在数据的流通和交易中，中介是数据需求方和供给方之间的关键桥梁。数据经纪人指的是促成数据交易、实现数据买方和卖方匹配的中介，个人或机构都可以是数据经纪人。数据经纪人的核心功能有两个，第一，撮合数据交易，通过提供数据交易信息或者根据其掌握的信息，将数据需求方和数据供给方连接起来，扩大数据的流通范围、提高数据交易的成功率。第二，数据经纪人的存在会增强数据需求方和供给方之间的信任。特别是在数据交易发展初期，数据经纪人甚至可以发挥担保的作用。相比传统商品交易的中介，数据经纪人需要具备一定的技术基础。例如，数据交易平台的搭建、对数据产品的理解与核准等。除此之外，数据经纪人应该熟知数据流通和交易相关法律法规，保障在撮合数据交易时合法合规。

### 4. **数据交易监管方**

数据交易的监管方是场内交易必不可少的角色，以确保数据交易市场合法合规、正常高效地运转。监管方指的是制定且执行数据流通和交易相关法律法规制度的政府机构或特定的组织。监管方并不涉及数据产品的直接买卖，但是同样需要对数据流通和交易的各个环节有全面的认知。一方面，保护数据流通和交易相关的法律法规制度等的制定，需要对数据流通和交易的基础功能、存在的问题等有全方位的了解，才能制定契合实际需求的规定以促成公平、透明、高效的数据交易市场环境。另一方面，在场内交易发展尚不充分的情况下，监管方的责任尤为重要，其作用不仅限于监管，还应该予以引导。提高公众对数据流通和交易中权利与义务的认识，加强对企业合规性审查等，都有利于数据交易市场健康发展。

综合来看，数据交易市场主体的多元化发展是必然趋势，政府、个人和企业都应该成为数据交易市场的有机构成部分，同时实现主权、所有权、人格权和用益权的数据要素权属配置状态。这是从社会主体的视角来看数据交易市场上的参与主体。同时可以看到，数据交易市场参与主体身份的明确有利于数据产权的界定，而产权明晰是数据估值或定价的必要前提。

### 6.2.2 参与数据交易的主体：技术视角

从技术视角，同样可以呈现出数据估值或定价过程所涉及的主体，能够为数据交易市场的参与主体提供参考。大数据参考体系结构由五个逻辑功能构件组成，分别为系统协调者、大数据应用提供者、大数据框架提供者、数据提供者和数据消费者[16]。这五个逻辑功能构件搭建起大数据的技术体系架构，可以是组织机构、自然人、技术、设施或设备。

系统协调者负责大数据系统整体框架的搭建，对政策、治理、架构、资源、商业需求、监管和审计活动等进行总体协调，具体会将数据应用活动的需求整合至一个可操作的垂直系统中。商业领域的领导层和咨询顾问，研究领域的数据科学家，技术领域的信息架构师、软件架构师、安全架构师、隐私架构师和网络架构师等共同构成了系统协调者。数据提供者是大数据系统中新数据的来源，类似于数据采集方：组织机构如网络运营商、公共部门和企业等；自然人如终端用户、调研人员、研究人员和从事数据搜索与采集的工程师等；设备如搜索引擎等；技术如数据采集软件爬虫(python)、埋点技术等。数据提供者所提供的数据，既可以为其他主体使用，也可自用。在数据进入大数据系统之后，则由大数据应用提供者实现面向数据采集、清理、分析、可视化等全生命周期的操作，来完成系统协调者提出的需求以及安全和隐私保护的需求，应用研发专家、平台研发专家以及咨询顾问等都属于此类。

大数据应用提供者在具体研发应用过程中所需要的基础性资源和服务来自大数据框架提供者，本地部署、数据中心和云服务商等都属于此类，分别对应基础设施框架、数据平台框架和处理框架。数据消费者获得大数据系统所输出的结果，终端用户、研究人员、应用或系统都属于此类。如果数据消费者是一个应用程序，那么它会再向数据应用提供者寻求其他数据提供者。该应用程序的系统协调者会发出数据请求、权限申请等其他要求,在这种情况下数据应用提供者则充当着数据提供者的角色。

借鉴大数据参考体系架构的以上五个逻辑功能构件及其相互关系,可见数据交易市场中参与主体的身份不是固定的,而需要依托某个具体的场景中其与数据的关系来确定。例如,数据供给者也可以是数据消费者,数据应用提供者也可以是数据供给者等。再者,参与主体不限定为自然人或组织机构,软件、系统、平台、设备和设施等也广泛存在于数据交易市场中。

## 6.3　数据交易的场所

类似于日常生活用品的买卖可能发生在露天市场、实体超市或者线上的电子商务平台等中,数据的交易也需要合适的场所或平台,为数据商品或服务的展示、传输、管理和买卖等提供基础设施。数据交易所或数据交易平台等都是数据交易发生的场所,并且这些场所会设定不同的制度来规范数据交易,保证数据交易的合法、合规、安全性。除此之外,部分数据交易的实现并没有依靠正式的数据交易所或交易平台,这构成了数据的场外交易市场。

### 6.3.1　场内交易

场内交易是指数据的交易发生在公开正式的数据交易所或数据交易平台上。随着数据价值的不断释放并且被越来越多的经济主体认识到,规范、安全且透明的数据交易有利于数据流通范围的扩大,因而数据交易所或数据交易平台的建设也成为必然趋势。

数据的场内交易具有以下几个特点。首先,数据交易的规范化和标准化。在交易过程中,数据交易主体之间会签订标准化的交易合同,按照规范的交易流程完成交易。数据商品或服务的定价机制也是明确的。其次,数据交易所或数据交易平台受到国家或地区相关部门的监管,以确保数据交易合法合规。数据交易监管机制体制的建设,是安全可靠数据交易的基础,也有利于数据交易市场的公开透明,推动价格机制在数据交易中主导作用的发挥。再次,多类型的数据交易参与主体。在数据交易所或数据交易平台上,参与主体不仅包括数据商品或服务的供给方和需求方,各类第三方机构如数据经纪人、中间商、监管方等均活跃于场内交易市场。

场内交易的发展使得数据商品或服务的交易变得更加规范化和透明,推动多种类型数据产品的出现与交易,为各行各业提供价值。金融市场数据是相对成熟的,例如,股票、债券、货币、衍生品等金融产品或工具的交易价格,金融机构如证券交易所、银行等是此类数据的提供者。地理位置数据如地图信息、GPS 数据、交通流量等在城市规划、物流运输、交通管理等领域发挥重要作用，将会成为场内交易的重点对象。

## 6.3.2　场外交易

场外交易是在数据交易所、数据交易平台等公开市场之外的私下交易，既可以是数据需求方和供给方直接交易，也可以通过数据经纪人、中介等完成。在数字经济大范围兴起之前，对数据的交易已经大量存在，而且尚不存在正式的数据交易所或数据交易平台。相比数据的场内交易，场外交易的活跃度相对较高。值得注意的是，在场外交易中，存在部分不合规的交易，规模高达 1500 亿元且形成了产业链[17]。个体之间的数据交易也面临数据产权界定的问题。

数据的场外交易存在以下几个方面的特点。首先，场外交易的隐私性较好。场外交易的内容一般不对外公开，即便有第三方存在，也会对交易设定较高的隐私保护门槛，数据资源或数据产品的成交价格公开程度也不高。其次，场外交易是灵活的。在场外，数据需求方和供给方可以对交易条款、交易流程、交付方式等直接协商，不需要遵循正式数据交易所或数据交易平台的规章制度。再次，场外交易面临相对较高的风险。因为不存在监管机构以及标准化的交易制度，在数据合法合规、安全可靠以及交易主体信用等方面均存在不同程度的风险。

数据的场外交易，有几种数据产品的交易是相对成熟的。以交易非常普遍的数据库为例。此处指的是狭义的数据库，仅仅聚焦于数据有组织的集合并按照一定的规则存储在本地如计算机的磁盘或云端中。广义的数据库还可以指数据库技术，是如何实现对数据的管理、组织和存储的等。数据库属于数据产品，是经过劳动处理的原始数据生成的。大型科技公司、电商企业等已经掌握了大量的数据并形成了数据产品，与其下游企业进行交易，但是这部分数据的交易并未在数据交易平台上得到体现。还有较小体量的发生在个人之间的数据产品交易，在互联网的平台上都是常见的。无论是大型企业还是微观个体，这种场外的数据交易中，数据资源或数据产品的成交价格同样不属于主动公开信息。

除此之外，我国也有部分组织机构并没有冠以数据交易所之名，但是其交易的内容实际上包括数据的交易。例如，全国层面以及各个省份、地级市的公共资源交易平台，有一部分的业务范围涉及数据的交易。国有产权交易、技术交易等均属于公共资源交易目录，这部分内容即可归入数据交易的范畴。这与数据的分类分级以及数据所包含的内容相关，如果待交易的数据属于国有的或公共的，那在公共资源交易平台进行交易也是可行的；而知识产权、科技成果等从广义上来看都属于数据要素。

# 第7章

# 数据流通的市场机制

从数据流通到数据交易,不仅需要数据交易的参与主体、场所等市场生态体系的支持,而且需要机制体制的保障。本章将要介绍的数据产权界定、数据的估值和定价,是数据交易的前提与基础,是数据流通的市场运行机制所需。

## 7.1　数据的产权界定与保护

产权是一个经济和法律领域的重要概念,涉及对资源、财产或资产的所有权和控制权。产权定义了个人、组织或政府对特定资源或财产的权责利。这些资源或财产可以包括自然资源、土地、建筑物、知识产权、金钱、股权等。数字经济中的数据产权问题不仅涉及数据潜在的经济价值,还涉及法律、伦理、隐私和安全保护等多个方面。特别是在进行数据交易之前,界定数据产权是必要的前提。本章从数据权属的相关概念出发,论述数据产权界定面临的难点,并提出了相应的界定和保护原则。

### 7.1.1　数据相关权属的概念

为了推进数据要素的市场化配置以及数据要素的估值和定价,明晰数据要素产权是亟待解决的问题,在经济学界和法学界都有诸多讨论。在经济领域,制度的设计是为了界定和协调经济主体之间的权利关系以及利益,而这也就是关于产权或所有权的设计。从狭义上看,对有形资产归属的界定是产权;从广义上看,全方位各领域有关经济主体的损益的界定,都可以归为产权。与数据要素的形态相关,数据要素产权的相关用法也有所不同。

在2022年6月22日召开的中央全面深化改革委员会第二十六次会议上,审议通过的《关于构建数据基础制度更好发挥数据要素作用的意见》中提出了以数据资源持有权、数据加工使用权、数据产品经营权为核心的产权分置运行机制。"三权分置"成为目前界定数据要素产权时可遵循的方法。这三个数据要素产权相关的概念，在具体使用过程中面对的经济主体以及强调的权益各不相同。

数据资源持有权而非数据要素"所有权"，一方面，肯定了数据资源持有者对数据要素的权属，如果是个体、企业等数据资源，数据资源的持有者拥有对数据要素处理的权利。如果是公共数据资源，在国家相关机构允许公开的前提下，数据资源的持有者应该将其与全社会共享。另一方面，该用法也避开了对数据要素所有权的界定，例如，部分个体数据资源是由数据持有者采集的，如消费者偏好数据，尽管平台企业持有这些数据，是数据的持有者，但并不一定是数据的所有者。

数据加工使用权是一种派生的权利，与数据资源持有权类似，也不涉及数据要素的初始产权界定问题。还是以消费者偏好数据为例，此类数据需要累积起来并进行分析才能带来社会经济价值，为企业产品创新或价格制定等提供参考，而消费者本人并不具备加工数据的能力，甚至数据的采集方也无法加工数据，需要由专业的企业或个人完成对数据的处理、加工与分析。因此，数据加工使用权强调的重点是数据要素的使用权，即使是数据的直接加工企业也未必拥有此权利，但是其加工费用应该列入数据的成本核算中。

数据产品经营权的拥有者符合"数据经纪人"的特征，如果某个经济主体具备数据产品的经营权，他未必是数据的所有者、持有者或加工者，但是通过数据经纪人，可以促进数据产品的流通，最大化数据的价值。数据产品经营权也对应着数据产品成本核算中的一部分。随着数据交易所和数据交易平台的发展，数据产品经营权的确立尤为重要，有利于推进数据的场内交易。

综合上述三个概念来看，首先，在其使用过程中，对数据要素的初始产权都没有进行非常明确的界定。再者，数据的分类分级在上述权利的行使过程中是一个必备的前提。最后，数据的权属与数据所带来的权益或成本是直接相关的，这再次表明了明晰数据产权的必要性。

### 7.1.2 数据产权界定的难点

数据相比其他传统生产要素、商品或服务，在产权界定上面临一定的困难，是一个有待解决的问题。原因源于以下几个方面。

#### 1. 数据的非竞争性和非排他性

数据的非排他性和非竞争性是数据相比传统生产要素、物理资产特有的经济属性，这源于数据无实体这一自然形态，使其可无限复制且易于传播。非排他性是指数据可以在同一时间被不同的主体访问或使用，在没有刻意保护的情况下，无法阻止其他用户使用。非竞争性是指对数据的多次使用不会带来数据的减少或消失，可以被同一主体或不同主体重复使用。

数据的这两个属性意味着从源头上对数据的产权界定就存在困难,追溯数据的初始来源面临较高的成本。传播、使用数据的成本远远低于界定数据初始产权的成本,前者甚至可以为零。数据的非排他性和非竞争性,不仅影响数据的产权界定和保护,而且不利于数据的隐私保护,使得数据的估值定价更为复杂,这些内容会在后续章节详细阐述。

**2. 数据所有权和使用权的划分**

数据从产生,历经收集、存储、传输、处理、分析直至应用,都涉及数据所有权和使用权的划分问题。在以上各个环节,都会涉及不止一个主体,在数据商品或服务开发的过程中发挥作用,由此明确界定数据的"所有者"是复杂的:在初始产权界定不明晰的情况下,如何区分一个主体对数据是所有关系还是使用关系?再者,从数据的来源上,数据往往有多个源头,如社交媒体收集到的用户数据,是个体贡献和平台生产共同作用下得到的。因此,对数据产权的界定就会相对复杂,很难将其归于单个经济主体。

该问题的产生与上一条,数据的非排他性和非竞争性是关联的,即数据可被无限制地复制和共享,在任何一个环节都可能有新主体加入,对数据进行加工处理。而既有的法律体系,对实体资产的界定有相对成熟的规定,而数据成为新型生产要素或资产是近期的事情,对数据产权界定的研究、法律规定等还有待完善。所有权和使用权的不易区分会导致法律纠纷,如在数据泄露时责任归属的界定、从数据获得收益的划分等。

**3. 个人隐私与数据市场化的平衡**

数据市场化是数据流通的必然趋势,也是数据交易的一部分。保护个人隐私是数据应用过程中面临的最大问题或挑战之一,而数据走向交易市场就需要平衡好个人隐私保护与数据价值发挥之间的关系。在现实生活中,正因为数据已经给平台、企业等带来巨大的收益,对个人数据的收集与应用是非常普遍的。尽管随着法律法规的完善,大部分数据的收集是征得用户同意的,但这种"同意"更多的是流于形式,例如简单地勾选"允许使用"。即便这是对用户数据所有权或初始产权的确认,企业或平台从数据中获得的收益并没有划拨至用户手中。

数据走向市场是发展数字经济的需要,而个人隐私的保护同样重要。该问题的产生主要源于数据隐私保护整体生态环境尚未完善。从个人层面看,对个人数据的保护意识不够强;从企业层面看,对数据的产权归属重视程度不够;从社会层面看,在数据使用和隐私保护上的相关制度体系还有待加强建设。个人隐私保护和数据市场化关系的平衡实际上反映了数据产权界定的明晰化。

## 7.1.3　数据产权界定与保护的措施

尽管数据产权的界定与保护面临难点和挑战,通过对数据分类分级设定相应的产权界定与保护原则，可以在增强数据隐私保护和合规合法安全使用的前提下，有效促成数据价值的充分释放。

### 1．公共数据

公共数据指的是由政府机构收集并存储的数据，与公共利益相关度较高。公共数据是有其公益属性的，如经济统计数据、人口普查数据、气象数据等，公共数据的收集、存储和发布以服务公众为目标。对于公共数据的产权界定与保护，其一，公共数据的所有权应该为国家或公众所有，因为数据来自每一个个体或组织，而且公众是数据应用的受益对象。其二，公共数据应该在满足隐私保护需求的前提下，最大限度向公众公开，以提升整个社会的透明度，推动公众参与社会活动。在公共数据公开之前，应该进行去标识化处理，以防止个人敏感信息泄露。

### 2．个人数据

个人数据指的是来自个人的各类信息，与个人的身份或名称有直接或间接的联系。对于自然人，如姓名、性别、通信地址、身份证号码等。个人数据直接关联个人多方面的隐私信息。对于个人数据的产权界定和保护，其一，若非用于公共利益，个人数据的所有权属于个人，对其数据的访问、收集、存储、传输和应用应该予以告知，遵守数据隐私保护的法律规范。其二，对于个人数据的收集应遵循最小化的原则，获得满足目标的最低要求数据量，避免收集不相关数据。在个人数据的使用过程中，利用数字化技术保障数据安全。

### 3．企业内部数据

企业内部数据指的是企业在其生产、销售、管理等业务活动中产生或收集到的数据。客户信息、财务数据、库存数据、销售数据、知识产权等都属于企业的内部数据。对于此类数据，企业通常不会主动公开或共享，因为这往往涉及企业的利润点、商业策略以及技术上的核心竞争力等。对于企业内部数据的产权界定与保护，其一，企业从外部来源收集到的数据，在征得数据来源方同意的前提下，企业拥有此类数据的使用权；对于企业自身产生的数据，企业是所有者。其二，企业内部数据的使用原则由企业依据其需求设定，例如，对于知识产权类的数据，企业可以自行设定公开的时间或对象；而对于敏感数据，企业需要通过设定权限来保护数据安全；除此之外，企业还可通过对员工进行与数据安全保护相关的培训，以增强员工对企业内部数据的安全保护意识。

### 4．科研数据

科研数据指的是科学研究过程中产生的数据。自然实验数据、田野调查数据、观测数据、模拟数据等都属于科研数据。科研数据的使用者往往需要相关领域的知识，面向不同专业领域的使用人群。对于科研数据的产权界定和保护，其一，科研数据的产权归属往往相对明晰，生成此类数据的科学研究人员一般是其所有者；

对于多人或多机构合作产生的科研数据,一般为共同所有。其二,对于科研数据,应该鼓励其开放共享,以促进知识的传播与科技成果的转化;科研数据的质量尤为关键,这涉及后续科学研究的科学性,对原始数据也应保存;在公开或发布科研数据时,需要对使用权限、引用等做出明确说明,避免知识产权纠纷。

## 7.2 数据的估值和定价

数据的估值和定价是实现数据交易的又一前提,明确数据的价值、发现数据的价格有助于买卖双方达成交易。作为生产要素或者资产,对数据的估值和定价能够激励个人、企业或组织重视数据,通过收集和处理数据以提供高质量的数据产品或服务;数据价值的明晰还有利于吸引更多的资金流入,带动整个数据产业的发展。数据的估值与定价是数字经济的核心内容之一,也是确保数据流通和交易公平、透明和有效的关键环节。

### 7.2.1 数据估值和数据定价的概念

数据估值和数据定价均为与数据要素、数据资源或数据产品价格发现相关的概念。尽管在日常使用中对这两个概念没有非常严格的区分或者经常混用,但是两者在内涵上还是存在一定的差异。

数据估值,从字面意义上来看,即为评估数据的价值,是确定数据价值的过程。数据估值是相对主观的,反映的是数据的潜在价值或者预期收益,但并不一定会直接转化为具体的价格。通过数据估值,企业可以认识到对其所持有数据资源的价值,最大化数据在其业务各个环节的价值释放;在保障数据安全、合法合规前提下,数据估值也是数据资源出售或共享的参考价值,甚至会影响企业的市值。2023年8月1日,财政部印发《企业数据资源相关会计处理暂行规定》,其中明确指出"数据资源可以作为无形资产或存货确认,并在资产负债表中列为'数据资源'项目",并且于2024年1月1日开始执行。该规定的出台与实施会推进"数据资源入表",而这需要的正是对数据的价值评估,也就是数据估值。

数据定价则是数据价值的货币金额的直接体现,是为数据产品或服务设定一个具体价格的过程,是数据买卖中双方的交易价格。数据定价的过程相比数据估值更为具体,是数据交易市场上常见的、需要实际操作的活动。对数据产品定价需要考虑多种因素,包括但不限于数据产品的生产成本、市场需求、竞品情况等,与普通产品是类似的。同时,因为数据产品自身属性有较多异于普通产品之处,对数据产品的定价策略会有所不同。

虽然数据估值和数据定价在概念上是存在差别的,但它们是相互关联、相互影响的。一方面，数据估值通常可以作为数据定价的基础，为数据定价提供一个基准。数据估值是对数据在市场上重要程度、影响范围和稀缺程度等的预估，成为数据定价基准性和理论上的依据，进而为数据产品提供一个合理且契合实际的价格区间，用于指导数据定价，实现数据价格、数据价值和市场需求的匹配。另一方面，数据产品的实际成交价格并不是完全由数据估值结果决定的。虽然数据估值是为了确定数据的内在或潜在价值，并且为数据产品提供指导价格，但数据产品的实际成交价格最终由市场决定、由交易数据产品的供给方和需求方协商决定。可以说，数据估值是一个内部过程，而数据定价是面向外部市场的。

## 7.2.2　数据的内在属性与价值

无论是数据估值还是数据定价，都是以数据的内在价值为核心。数据自身的内在属性（或特点）是影响数据价值的基本因素。一方面，数据的内在属性影响其在社会经济活动中的作用机制，也就是数据要素的价值实现路径。微观层面体现为企业、部门或场景的运行效率提升机制，这还会进一步延伸到数据在宏观层面上对整体社会全要素生产率和经济增长的影响。另一方面，数据的内在属性关系到数据的受众、价值释放程度和方式等，均为数据估值的衡量指标。明确影响数据价值的内在属性，以及它们如何相互作用，有利于为数据的估值和定价提供基础。

### 1. 数据质量

数据质量能够直接影响数据的价值。高质量的数据是准确、完整、及时和一致的，而低质量的数据可能包含错误、遗漏或过时的信息。高质量的数据为个人、企业和组织提供了更准确、符合现实的决策依据，提高组织的效率，减少错误纠正、数据清理和数据验证的时间与成本。例如，在库存管理中，基于低质量数据如重复的销售记录和遗漏的退货记录进行的销售分析，得出的结果会高于商品的实际需求，零售商若增加此类商品的库存则会带来库存的积压。在金融投资领域，客户经理基于不准确数据做出的投资建议会导致客户的财务损失，导致客户的流失和公司声誉受损等。

### 2. 数据数量

数据数量和数据价值之间并不是完全的正相关关系。在某些情况下，数据量的增加可以带来更多的价值；但在部分情境下，数据的稀缺性可能会提高其价值。随着大量数据的获取，信息的完整性和准确性得以提升，即数据的累积性，通常会带来更高的价值。海量数据是准确分析和预测的基础，特别是在人工智能领域，大数据量可以支持更有效的深度分析和模式识别；当使用大量的数据进行模型训练时，也可以获得更好的泛化能力，该模型在面对未知数据时的预测能力可能会更强。在医疗领域，对大量患者的数据进行分析可以帮助医生更准确地预测疾病的进展和治疗反应。例如,通过分析数万名患者的数据,研究人员可能会发现某种药物对某个特定人群更有效。

### 3. 数据的稀缺性

数据的稀缺性通常指的是在特定环境或时间点难以获得的数据,强调的是数据的独特性和难以获得性。一般而言,如果数据量大就不会稀缺,但也并不是绝对的,如果某类数据只为个别行业或个人所有且没有很好的流通渠道,有些行业的数据可能受到法律、监管、技术或商业上的限制,这些数据都可以归为稀缺的,而且数量可大可小。一方面,因为稀缺数据可以提供独特的思路和见解,其价值更高;另一方面,稀缺且数量较少的数据,也有可能带来有偏差的分析结果。在医疗领域,对于罕见疾病,由于患者数量相对较少,收集大量的患者数据是非常困难的。这种数据稀缺性使得研究和开发针对罕见疾病的治疗方法更具挑战性。但是,对于能够获得这种稀缺数据的研究机构或药企来说,这些数据具有巨大的价值,因为它们可以提供对该疾病的独特见解,并有可能带来治疗方法的突破。

### 4. 数据的时效性

数据的时效性也可以称作即时性、及时性或时变性。对于数据的时效性可以有两种理解方式。一种理解是指数据的生成、传输、处理和应用速度的提升。这意味着获取、传递、处理和应用信息所需要的时间减少,并伴随相应成本的下降;在前文已经论述了信息交互效率的提升也有利于社会生产生活中资源配置的优化。在社会经济生活中,在某些行业,即时数据是至关重要的,因为决策者需要根据最新的信息做出决策;数字孪生、远程医疗、无人驾驶等都是数据要素即时性的体现。这种数据的高频率更新,以采集类、传输类等数字化技术的支持为基础得以实现。

对数据时效性的另一种理解,则侧重于数据在不同时间阶段的价值变化。该观点认为失去时效性的数据其价值会大大降低;相反,累积起来的数据有产生期权价值的可能性。与时间相关的数据要素,如访问时间和时长等,则可以将数据所反映的内容更细化地呈现。对于某些行业,历史数据可能更有价值,例如在金融市场上,股票市场的历史数据、货币政策的变化以及其他宏观经济指标的历史记录都是分析和预测未来趋势的重要参考资料。

这两种理解均强调了时间在数据应用过程中的关键作用。时效性对数据的估值有如下影响:数据随着时间推进,其价值是不断发生变化的,有可能衰减也有可能累积叠加,不能单独以其初期价值来评估后期价值。

### 5. 数据的易用性

数据的易用性可以根据数据的格式和结构是否便于分析与处理来界定。如果数据能够被数据分析工具直接读取和处理且不需要进行额外的格式转换或清理等,则可归为易用性高的数据。易用性高的数据可以减少加工和处理数据的时间与成本，有利于数据在更大范围内流通，在社会经济生活中发挥作用的可能性更大，因而数据价值也会相对更高。

数据的易用性可以通过多个维度来衡量。从数据格式上看，结构化的数据相比非结构化的数据、标准化的数据相比非标准化的数据更易于使用和分析。数据的可访问性同样会影响数据的易用性，如果用户能够容易地获取和访问数据，例如通过线上平台、公共 API 等即可便捷地进入数据访问页面，即代表数据的易用性较高；相应地，设置了访问权限的数据，其易用性就会受到限制。

### 7.2.3 数据的使用属性与价值

上一节论述了数据的内在属性对数据价值的影响，关注的是数据本身的质量、格式、来源和内容等基本特点。数据的使用属性强调了数据在经济活动中如何被使用、交易和定价，与数据的内在属性相结合，可以更好地理解数据在市场中的实际价值和成交价格。

#### 1. 数据的非竞争性/竞争性

竞争性反映了消费者对某种产品的消费是否会影响其他消费者的使用。竞争性产品在某个时间点或时间段只能被单一主体消费和使用，首次消费后其价值完全被释放或者逐渐减少，例如食物只可能被吃掉一次、私家车会随着使用年限不断折旧等。非竞争性产品则可以被多主体同时或重复性使用，某一主体对其消费并不会带来其价值的损耗，如清洁空气并不会因为增加一个人而减少。

从技术层面来看，数据是可以被无限次使用的。数据使用一次和使用多次并不会对其质量、数量、形态以及实质内容产生影响，也可以被不同的主体在同一时间点或时间段使用，属于非竞争性产品。如果数据是非竞争性的，那么多个使用者可以同时使用它而不会对其价值造成影响。在这种情况下，数据的价值主要取决于其对使用者的贡献，比如说帮助使用者更好地了解市场、优化生产流程、提高服务质量等。然而，如果数据是竞争性的，那么多个使用者之间会存在竞争关系，他们争夺有限的数据资源，这可能会导致数据的价值受到影响。在这种情况下，数据的价值主要取决于它的稀缺性和供需关系，如果数据比较稀缺，那么它的价值会提高，而如果数据供应量过剩，那么它的价值可能会降低。

数据的非竞争性表明产权界定是对数据估值或定价的必要前提。如果数据的初始所有权属于供给方，数据的非竞争性意味着数据所有者会接受潜在消费者的任意价格，数据可以带来持续的收益。但是在产权界定不明晰的情况下，一旦数据成为公开信息，数据的首次交易价格设定就尤为重要。

数据是非竞争性的。一个人的位置信息、医疗记录、驾驶数据，可以被许多企业同时使用。非竞争性会带来持续的收益。因此，即便在考虑隐私保护的情况下，企业的大规模使用会带来较多的社会收益。企业会因为担心创造性破坏而选择隐藏它们的数据,导致非竞争性数据的无效使用。将数据产权界定可以给消费者带来接近最优的分配结果。消费者需要平衡他们对隐私的顾虑和出售数据所获得的经济收益[18]。

### 2. 数据的规模报酬递增/规模报酬递减

规模报酬指的是生产规模扩大一倍所带来的成本和收益的变化。对数据要素规模报酬性质判定的基本依据是,随着数据量同比例地增加,可获得的收益是增加、不变还是减少。既有研究对数据的规模报酬性质未形成统一的结论。比如,随着数据规模的增加,收集、存储和处理数据的成本通常会呈现递增的趋势;而数据分析和挖掘等领域的应用价值则可能会随着数据规模的增加而呈现递减的趋势,即规模报酬递减。

对于一些需要大规模数据支撑的领域,如人工智能、大数据分析等,数据规模的增加可能会带来更多的收益,因此这些领域的数据价值可能会随着规模增加而呈现递增的趋势。但是对于一些不需要大规模数据支撑的领域,如小规模的数据分析、数据可视化等,数据规模的增加可能会带来更高的成本而并没有明显的收益提升,因此这些领域的数据价值可能会呈现递减的趋势。

数据的规模报酬性质会影响数据价值在不同阶段的评估。如果数据处于规模报酬递增阶段,有利于生产效率、组织运行效率等的提升,对于该阶段的数据估值显然应该高于其处于规模报酬递减阶段。

### 3. 数据的排他性/部分排他性/非排他性

排他性或非排他性衡量了一种商品或服务是否能够限制在付费顾客的范围内,或者说,供给方或其他管理机构是否可以阻止该商品或服务的"免费"消费。数据的排他性不是绝对的。得益于数字化技术的发展,完全排他性、部分排他性或非排他性,在数据的应用过程中都是可能出现的。

在信息化时代,数据的非排他性成为其最重要的特征之一。因为数据的可复制性强、易于传播,在数字化加密技术不足以限制其传播的情况下,数据就是非排他性的,数据的需求者付出较低成本甚至不需要付出任何成本就可以使用。部分排他性或排他性的实现,一方面与数字化加密技术的发展相关,在数据持有方有意进行保护的情况下,数据是可以限定于部分用户或指定用户的。区块链就是数字化时代加密技术的代表,基于区块链底层架构所搭建的公有链、混合链和私有链,即对应着数据的完全公开、指定范围公开和完全私密化。另一方面与数据估值或定价直接相关,即数据的价格会限制一部分需求方。尽管数据排他性的实现在技术层面并无阻碍,但是实现该目标所需的成本却是不容忽视的。数据的持有方也会权衡其保护数据所需的成本与数据流出引致的损失。

排他性对数据估值的影响的第一点体现在对公共信息和私人信息的区分上。如果数据是完全排他性的，那就属于私人信息；如果是非排他性的，那就列入公共信息的范畴；部分排他性可做程度上的不同划分。第二点与数据的价格设定直接相关。具备完全排他性的数据价值会高于非排他性的数据价值，或者说数据的供给方可以通过差别化定价来决定数据的使用方。同时，数据的隐私保护成本也是数据定价过程中需要考量的因素。

### 4. 外部性

在数据的使用过程中，正外部性和负外部性都会存在。数据外部性的产生与其他商品有所不同。

工厂排出的污染物如废水、废气对周边居住环境产生影响，会危及居民的身体健康等，这是典型的环境污染带来的负外部性。清洁空气和水是公共物品，工厂的生产行为降低了其清洁程度，甚至使空气和水变为有害的。数据的收集与使用，一方面与此类公共物品是类似的，另一方面会自发关联到其他数据来源，这也成为其外部性的体现。

数据要素的正外部性集中于数据累积所产生的自反馈效应，以及数据要素对其他生产要素的促进作用。数据要素的负外部性主要集中在隐私保护问题上。在同一领域内的多维数据关联度较高，再辅之以数据分析类的数字化技术，可以起到"1+1>2"的作用，这也就是数据资源之间的相互印证。例如在消费领域，商家从单一消费者所能获取的不仅仅是该消费者的信息，其朋友、家人等的信息也可能同时获得。这种数据的负外部性会压低数据的价格，并带来数据的过度使用。

外部性的存在，意味着数据估值过程中可能会存在溢出的社会效应，带来数据成交价格的高估或低估。另外，数据与传统公共物品的外部性所带来的影响也有差异，如果数据之间有信息的重叠之处，则其总体价值会小于数据逐一加总的价值。数据的外部性与竞争性、排他性、规模报酬性质等都是相关的。结合具体的研究问题以及应用领域，数据的外部性应该作为一个关键的因素，进入数据估值模型中。

### 5. 异质性

异质性在经济学分析中较为常见，是对研究对象个体差异的强调。异质性在个体样本内部、样本之间以及不同的阶段都会产生。数据的异质性可以从客观与主观两个方面来看。从客观上来看，数据会随着时间的变化而产生价值上的变动，这与下一节的时变性属性相关。

数据的主观异质性与数据的价值更为贴近。一套完全相同的数据库资源，在不同的使用主体或应用场景中，其价值是有差异的。例如，各大电商平台采集到的消费者浏览信息、消费记录等，对于消费者本人的价值并不明显，但是聚集在一起的数据则会成为电商企业分析消费者消费偏好,并实现下一步精准营销、完善售后服务的有效依据。再者,数据的价值受到消费者的个人财富水平、风险厌恶偏好等诸多因素的影响。同样有研究指出,数据的价值在不同的消费者之间可能存在显著差异,数据的该属性通常受到主观因素的影响。微观层面如应用场景和分析方法的差异,宏观层面如政策或制度环境等,是数据估值中出现主观性的原因。

数据的异质性呈现出数据估值中需要解决以下问题。第一,数据要素需求方对数据价值判断的主观性较强。对所有商品或服务,需求方的价值评估都不会完全相同,这也带来了消费者剩余概念的出现。但是相比日常用品或服务,数据的交易量尚未达到推出均衡价格的规模,针对不同的数据要素需求方进行差别化定价是目前数据估值的方向。第二,估计数据要素价值的平均值或期望值可以作为数据要素价格的基准标的,再根据收益、成本、需求方和供给方属性等因素确定最终的成交价格。

## 7.2.4 数据估值模型

明确数据价值的影响因素是对数据估值或定价的基础。在实际应用中,则需要具体的方法或模型来完成实际测算。数据估值模型提供了一种结构化的方法来理解数据资产的价值,这对于企业的资源分配、战略规划、运营效率以及最大化数据的经济收益等都非常重要。

### 1. 基于成本的数据估值

基于成本的数据估值是从投入角度来估计数据产品的价值,具体包括但不限于收集、处理、存储、管理和分析数据的成本。当个人、企业或组织需要计算其数据资产的总投入或当数据的市场价值难以确定时,该方法是最为适用的。这种估值方法可能会低估数据在某些应用场景中的实际价值,因为没有将数据的未来潜在回报考虑在内,特别是对于非常有竞争优势的数据产品。例如,出于科学研究的需要在数据上投入了 20 万元,这就是基于成本对数据的价值评估。但是,该研究若能实现某项关键技术的突破,给研究机构带来远超过 20 万元的收益,那基于成本的估值方法显然低估了该数据产品的价值。但是,如果该研究机构在出售此数据产品时,基于成本为该数据产品定价是可行的。

### 2. 基于收入的数据估值

基于收入的数据估值是从未来收益的角度来评估数据产品的价值,即通过对数据产品的应用,可能会带来的销售量的提高、生产效率的提升、收入的增加、决策成本的降低等。如果对应用该数据产品有较好的预期,个人或企业认为能获得直接或间接的收益,以此评估数据产品的价值较为适用。未来的不确定性和潜在风险是使用该方法面临的主要问题,因为这意味着收益的不确定性,继而导致对数据产品估值的偏差。例如，消费者的消费习惯和行为偏好已经成为诸多企业制定产供销计划的重要依据，并可基于这些数据测算从中可得利润，这个值就是基于收入所得的数据产品的价值。然而，企业在实际生产、销售过程中支出的成本和获得的收益与该预测值完全相符的可能性较小，市场是瞬息万变的，消费者的习惯也不是一成不变的。由此，基于预期收益对数据产品的估值既可能高于也可能低于其实际价值。

### 3. 基于市场的数据估值

基于市场的数据估值与传统商品的交易与估值类似，根据类似数据产品的市场交易记录或参考价格，来估计数据产品在市场上的价格。当市场上存在大量同类数据产品的交易记录，而且数据交易透明度较高时，这种方法尤为适用。但是如果数据交易市场活跃度和充分度均不高，以该方法对数据产品的估值就不是那么准确。再者，单一的市场价也可能无法充分反映数据在特定场景中的价值。假设有一个流行的移动应用的用户行为数据在市场上售价为每 1000 个用户数据 10 万元。一个企业拥有 10 万个用户的此类数据，根据市场基准估值，它的数据价值为 1000 万元。然而，这种估值方法可能无法捕捉到某些特定情境下数据的独特价值。如果这批数据中包含一个尚未被大众所知的新兴市场趋势，那么其真正的价值可能远超过 1000 万元。

### 4. 基于效用的数据估值

基于效用的数据估值从数据在特点应用或场景中的实际或潜在效益维度，来评估数据产品的价值。这种方法关注的是数据在实际应用中给个人或企业带来的各种收效，而不仅仅是金钱上的收益。当数据的价值不仅仅体现在直接的经济效益上，而是与它在某个具体项目或任务中的作用有关时，此方法尤为适用。但是，与效用一词的主观性相关，基于效用的数据估值带有较大的主观判断程度，量化上存在困难。再者，不同的用户或企业可能对同一数据的效用有不同的认定，导致数据估值的波动较大。例如，各个城市已经汇集了大量城市交通数据，用于规划交通路线、优化交通管理等，通过应用该数据产品，城市的拥堵率降低，给居民带来更好的出行体验。对于此类收益很难直接用经济收益来评估，但城市和居民的效用水平得到了巨大的提升。但是，这种估值方法可能会忽略该数据产品在其他领域的应用，如物流优化等，这样会导致其价值被低估。

### 5. 期权定价数据估值模型

期权定价模型源于金融学，用于估算金融衍生品（如股票期权）的价值。在数据估值领域，它可以被用来估算数据未来潜在价值的不确定性。它主要关注未来可能事件的概率和这些事件对数据价值的影响。该方法适用于那些数据的未来价值存在很大不确定性的场景，尤其是当数据的应用场景和潜在收益随时间变化时。

期权定价模型会涉及复杂的数学计算和各类假设,导致模型难以理解和实施。另外,如果模型的假设不准确,估值结果可能会有很大误差。例如,一家医药研究公司拥有一些尚未公开的初步研究数据。这些数据的未来价值取决于许多不确定的因素,如后续研究的结果、新药的市场接受度、监管环境等。使用期权定价模型,公司可以考虑这些不确定性因素来估算数据的当前价值。这种方法可以提供一个考虑未来不确定性的数据价值估计,但它依赖于对未来事件概率的准确预测。如果预测偏离实际情况,估值可能会过高或过低。

## 7.2.5 数据定价机制

数据定价机制是确定数据产品在市场上售价的方法或策略,直接关系到数据产品的交易价格设定。上一节中数据估值模型提供了基于各种因素的数据"应有的价值"的评估,但定价机制决定了数据产品在市场上的"销售价格"。理想情况下,定价机制在估值模型的指导下形成,并确保数据产品的价格能够反映其真实价值。但是在现实生活中,数据产品的实际价格并不会完全等同于对它的估值。

有鉴于此,数据定价机制与数据估值模型是有重叠之处的。基于成本的数据定价机制和基于成本的数据估值模型类似,根据数据收集、存储、传输和分析等涉及的成本来确定价格,既包括固定成本如信息基础设施或设备的投入,可变成本如数据存储成本等。基于价值的数据定价机制和基于收入的数据估值模型类似,数据产品的价格取决于给数据需求方带来的价值,而且对于不同的买家可能会有差异化的价格。竞争性定价机制和基于市场的数据估值模型类似,在一个竞争性的数据交易市场环境中,市场上供给方和需求方会促成数据产品的均衡价格。

除了与数据估值模型类似的定价机制,还有侧重于策略的定价机制。捆绑和分层数据定价机制,是指数据产品的提供方会将多种数据产品或数据库捆绑在一起进行销售,并提供相对于单独购买的折扣。或者,对数据产品设定不同的层级,分层为数据需求方提供,层级高的数据产品质量、完整性、及时性等更高,相应的价格也会更高。与此相关的是免费模型,数据产品供给方会免费提供基本数据或数据的子集,对更详细的数据产品收费。基于许可的定价机制,数据产品的供给方不直接出售数据,而是授权数据产品需求方在特定时间内使用,并且支付相应的价格,而数据产品的供给方保留其控制权。除此之外,拍卖机制、动态定价机制等传统商品的定价机制也适用于数据产品的定价。在实际应用中,数据定价机制并不一定是一成不变的,而是根据数据产品的需求方、供给方、市场环境等多因素综合考量后确定。

综合来看,影响数据价格的因素,除了以数据产品的内在价值为基础,市场以及宏观环境也是重要的影响因素。需求和供给依然是基本的,当对某种数据的需求增加，而且数据产品可复制性成本较低时，则其价格可能会上涨。同样来源于需求端，消费者对数据产品的认知和期望可能影响其支付意愿与价格。数据产品的销售同样涉及市场准入门槛，数据产品的开发本身需要一定的技术门槛，对于新的数据产品供应商，进入市场的难度可能会影响该数据产品的市场价格。相应地，随着技术的普及，降低数据获取、处理和分析的难度与成本，由此影响数据产品的价格。

在宏观层面，经济增长、通货膨胀率和其他宏观经济因素可能间接影响数据的价格。外部冲击如突发事件、大规模的数据泄露等会影响市场上数据产品的价格。在监管方面，政府政策、隐私法规和其他相关法律可能影响数据的可交易性与价格，也是反不正当竞争、建立公平可信数据交易市场环境所需要的。

对比数据估值和数据定价，数据定价是交易性的、面向市场的，而数据估值是分析性的，可能对市场可见，也可能不可见。数据的定价机制通常较短，需要对当前的市场条件立刻做出反应。数据估值往往具有更长期的视角，强调数据的固有和持久价值。在应用场景上，数据定价机制主要用于销售和实现盈利，而数据估值模型在内部评估、战略规划、并购或财务报告等中的应用较广。相应地，数据定价通常是外部活动，为客户或合作伙伴设定一个价格，数据估值一般是内部活动，用于评估公司持有数据产品或者数据资产的价值。

## 7.2.6    数据定价步骤

在对数据进行定价的过程中，并不一定需要遵循某些固定的框架；但是，为数据定价制定步骤可以确保数据定价过程能够具有系统性而且有据可循，确保整个过程有条理地进行，最终为制定出合理、有效的数据定价策略服务。再者，数据定价涉及多方面的因素及其相互影响，需要根据不同的应用场景进行调整和优化，制定数据定价的步骤可将多个因素同时纳入分析范畴。在一般情况下，数据定价可遵循以下步骤。

（1）市场定位。市场调研是完成该步骤所需要的，以了解和分析特定市场的活动，从而帮助企业做出更明智的决策。通过市场调研，才能够深入了解目标客户、竞争对手和市场趋势。通过调查和访谈，可以识别目标客户，并了解客户的需求、消费习惯及其对数据产品的期望，可以成为数据产品估值的参考。对竞争对手的分析可以协助确定定价策略，以发现与竞争对手的差异化优势。在数据交易领域，对市场趋势的跟踪尤为重要，因为数字化技术和数据产品更新迭代快，对市场供给和需求影响大。

（2）成本测算。完整的成本结构是设定数据产品价格的基础，以确保该价格能够覆盖成本并获得利润，还可以寻找到业务的盈亏平衡点。由此可见，数据产品的成本涵盖了业务的所有方面,以避免遗漏相关的费用。直接成本如与数据处理、存储和处理等直接相关的费用,间接成本如营销、培训和管理等与数据产品并不直接相关但是关系到业务运营的费用。在上文也已经论述过,固定成本、可变成本等,都是开发数据产品需要的投入。

(3)数据估值。数据估值可以作为数据定价的前置步骤,以评估数据产品的内在价值。在"数据估值模型"一节,已经介绍了数据估值的影响因素以及部分数据估值模型。在实际操作中,可以根据不同的应用场景,选择合适的数据估值模型。

(4)数据定价。定价策略的选择会直接影响收入、市场份额和利润。以数据估值为基础,综合考虑应用场景、市场竞争以及宏观环境等,选择合适的定价策略,即"数据定价机制"一节的内容。在选择定价策略的基础上,制定具体的数据定价方案,这包括确定起始价格、不同定价层次、付款方式等。进而可以在实际市场中进行定价测试,观察市场反应和客户反馈,然后根据测试结果,对价格进行调整或维持现状。

(5)市场反馈。市场反馈是获取和分析消费者、客户或其他利益相关者对产品或服务响应的过程,是连接数据产品和其目标市场的桥梁,而且提供了对数据产品实际价值和市场接受度的真实反馈。利用这些反馈可以更好地满足客户的需求,优化定价策略。有诸多指标可以用来衡量数据产品在市场上的接受度,如用户满意度、购买模式和频率、客户的意见建议甚至是竞争对手的反应等。

(6)定期审查。定期审查是一种系统化的、周期性的评估和检查流程,确保企业的各个方面,如产品、策略或运营,都保持在最佳状态并与当前的市场环境相匹配。定价并不是一次性的决策,需要定期监测市场情况、竞争环境和客户反馈,根据需要进行调整。市场变化是审查的主要驱动因素,消费者需求、技术进步或竞争格局的变化要求定期审查来确保数据产品仍然与市场需求相符。成本结构也会发生变化,原材料、人工或其他经营成本的增加或减少都可能影响产品的定价;通过定期审查,可以确保价格仍然能够反映这些成本变化。定期审查是确保企业持续与市场和内部环境保持同步的关键过程,这不仅帮助企业识别并抓住新的机会,还可以提早发现和解决潜在问题。

# 第8章

# 数据流通的现状与展望

　　"变化"是数字化时代的显著特点之一。数字化技术以不可预测的速度迭代升级,数据以前所未有的力量推进经济增长和社会发展。本章从数据要素和数据要素市场两个方面对数据流通的现状与展望一并论述,以期对读者有所启发。

## 8.1　数据要素的现状与展望

　　数据作为数字经济的核心生产要素,直接关系到数字经济的发展程度,企业、行业和国家都面临数据要素带来的冲击与机遇。

### 8.1.1　数据要素或为传统企业第二曲线带来破局机会

　　2022 年 12 月 19 日,中共中央、国务院对外发布了《中共中央　国务院关于构建数据基础制度更好发挥数据要素作用的意见》,又称"数据二十条"。"数据二十条"提出构建数据产权、流通交易、收益分配、安全治理等制度,明确提出让高质量数据要素"活起来、动起来、用起来"。

　　如何激活企业活力,尤其是让遇到增长瓶颈的传统企业突破困境,迎来新轮次发展,是全社会都需要面对的课题。经济学指出,当企业某经营要素出现业绩增长拐点的时候,就必须思考如何通过创新发现"第二曲线"来改善"第一曲线"即将面临的增长放缓,甚至业绩下降的状况。企业如果想基业长青,只有通过创造性破坏,跨越到"第二曲线"创新中去。可见,通过新的经营要素激活"第二曲线",就有望带来企业的新高速增长,从而焕发企业活力,促动经济发展。

　　什么经营要素可以激活"第二曲线"?数据要素就是答案。原因主要有三点。其一,数据要素是新要素。资本、劳动力、技术等传统要素此前已为经济发展贡献不菲,"你方唱罢我登场",作为新要素的数据从时机来看,正是发挥作用的窗口期。其二,数据要素是革命性要素。数字化时代,数据的价值日益凸显,无论是

ChatGPT 还是元宇宙,本质都是数据在演绎,都在和传统产业与传统企业进行碰撞。日前著名白酒企业茅台推出的"巽风"元宇宙就是一例。从条件来看,数据要素符合改写企业发展格局的要求。其三,数据要素和经济发展关联紧密。简单来说,数字经济包括产业数字化和数字产业化,这两项工作如果开展好,就可以使经济质量跃升。传统企业如果能做好产业数字化,有条件的企业可以试水数字产业化,将企业面对的数据要素价值挖掘出来,"第二曲线"即可成形。从价值来看,数据要素可以满足企业的发展需要。

值得注意的是,传统企业要把握数据要素带来的"第二曲线"也非易事,至少有三件事要做好。一是做好企业数据治理。传统企业的信息化、数字化水平参差不齐,目前能利用数据开展智能制造、供应链管理等作业的企业还是少数。开展DCMM 数据质量管理贯标认证,梳理企业数据目录,建设企业数据产品(服务)、平台,进行数据应用、数据流通等,都是传统企业亟待补足的功课。补上"短板",是把握数据要素的前提。二是把握时间窗口红利期。"机会不会留给所有人",2023 年就是破局点,最迟到 2025 年,越早开展,机会越多,市场越大。这就需要企业家有数据意识,需要企业执行层有数据能力,需要企业具备数据环境。单纯做好企业数字化转型可能还不够,目前"数据二十条"已经提出数据产权、流通交易、利益分配,企业能否拥有数据资产或许成为未来考量企业数据水平的重要参考。跟上潮流,是把握数据要素的手段。三是融入数据要素生态体系。数据不同于其他要素,数据越用越多,越流通越有价值。企业不能做数据孤岛,而是要成为区域数据生态、行业数据生态的重要节点,甚至争取成为工业互联网、行业数据平台的"吃螃蟹者",才能获得更大的红利。当下已有不少传统企业在开展工业互联网二级节点解析,这既是先见之明,又是建立细分领域行业数据标准生态的必要之举。做好生态,是把握数据要素的保障。

## 8.1.2　工业大数据产品或成新蓝海

随着"5G+工业互联网"的日益成熟,工业企业已从信息化时代步入数字化时代。出于智能制造、智慧供应链的时代需要,无论是重工业代表的采矿、机械,抑或是轻工业代表的纺织、家电,目前多数规模化工业企业已在供应链、生产、质控、安防等不同领域实现了不同程度的数字化,企业正逐步积累自身的工业大数据。

从宏观面来看,工业大数据的产生来自传统工业数字化和数字产业工业化,即产业数字化和数字产业化,也就是数字经济最主要的体现。因此,工业大数据是传统工业、数字产业、数字经济共同作用的产物,和其伴生的还有数字化转型。据IDC 测算,我国拥有的数据量全球占比将从 2018 年的 23.4% 提升到 2025 年的27.8%。工业大数据在全球大数据市场中占比最高,超过 50%。工业大数据机遇巨大。

　　从数据面进一步分析，数字化产业与数字经济的交集，就是体现数据价值的数据产品。无论是 API 接口还是 App 应用，甚或报告或表格，数据产品体现的形式可以花样繁多，但其共性就是让数据用起来，发挥其效能，并且便于交易流通。当下全国热火朝天地开展数据交易，其实交易的标的基本是数据产品，而非原始数据。数据产品，正在成为凝聚数据价值的新"商品"。数据产品，与传统工业对应，就是工业大数据产品。

　　从工业面进一步分析，传统工业转型升级、新旧动能转换，数字化是必然，但其中的关键在于价值，即数字化带给工业企业的利益。除了当下较为直接的智能制造、智慧供应链，不少企业忽视了工业大数据衍生的数据资产。数据是有价值的，和生产、销售休戚相关的工业大数据更是如此。只要挖掘出工业大数据的价值，工业大数据就变成了企业的新资产——数据资产。而挖掘、发现数据价值，不能简单地依托原始数据，而是要开发工业大数据产品。

　　工业大数据产品，目前仍处于摸索阶段。很多工业企业数字化转型没有到位，没有梳理数据资源、打造数据产品的团队、机制，甚至缺失打造工业大数据产品的数据意识。当然，也有不少龙头企业率先垂范，以山东能源、山东钢铁为例：前者针对自己的供应链数据打造了"干将"App，增加了营收；后者针对自己的生产作业数据优化建模后，在集团内部进行了共享推广应用，节约了成本。这些都是工业大数据产品"试水"的积极成果。

　　赛迪顾问数据显示，2022 年中国工业大数据整体规模达到 346 亿元，且预计未来三年市场规模增速将保持 30% 以上。随着工业大数据的飞速进步，工业大数据产品也必将快速发展，进入数据交易流通市场。

### 8.1.3　数据资产入表加速或将引发三波浪潮

　　2023 年 8 月，中华人民共和国财政部印发《企业数据资源相关会计处理暂行规定》。该文件指出企业内部使用的数据资源，符合无形资产准则规定的定义和确认条件的，应当确认为无形资产；企业日常活动中持有、最终目的用于出售的数据资源，符合存货准则规定的定义和确认条件的，应当确认为存货。此前，数据资产入表一直未得到官方确认，而今可基本视为"石头落地"，这无疑是 2023 年大数据领域的里程碑。财政部关于数据资产入表的政策，可以理解为国家关于数据要素相关基础制度、政策的一部分。结合当前形势，从各方面分析，数据资产入表将至少引发三波浪潮。

　　第一波浪潮，无疑是企业数据资源的无形资产化。曾经企业对于数据资源重视程度不够，但一旦数据和资产建立起关系，相信没有企业会再漠视。首先做出反应的或是国有企业,国有资产保值增值是所有国有企业经营者最为重视的,而数据资源是新蓝海,可供挖掘的资产想象空间巨大。很有可能相关企业会参照各地政府几年前成立大数据局的做法,在各自信息化部门或企管部门的基础上成立数据资产的专业部门,积极开展与政府、银行、平台的对接,加快建设企业的数据台账、数据清单,制定企业数据资产的管理体系,并借助于共同体、联盟、协会等各种资源开展场景对接、数据资源利用。国企并不会是第一个"吃螃蟹"的"孤勇者",对于市场敏感度更高的民营企业也不会错失政策红利。挖掘新业务增长点是每个企业都要面对的——通过盘活企业自身数据资源,能够带来无形资产,还可能通过数据交易、金融服务变现,选择只有早和晚的区别,很多企业实际上已经布局先行了。

第二波浪潮,将会是数据服务业的快速发展。由于企业将对数据交易、数据应用、数据信托等数据专业服务的需求激增,无论是官方数据交易平台,还是数据中间商、大数据相关专业服务公司,甚至数据咨询机构,都会迎来巨大的市场红利。此波浪潮早有征兆,2020年山东数据交易有限公司的组建,2021年上海、北京数据交易所的问世,2022年深圳数据交易所的揭幕,全国早已是"只待东风",数据资产入表在掀起企业第一波浪潮后,势必引发以数据交易平台为代表的数据服务的第二波浪潮。这波浪潮意义重大,其既解决了数据交易机构、数据商等业态的存在价值问题,又切实促进了数字产业化,带动了数字经济的发展。需要特别指出的是,过去的数字产业化多为数据加工和基础数据治理,而第二波浪潮促成的很可能是场景、算法、数据联动的数据应用和数据流通行业,是数字化产业里的"新兴产业"。

第三波浪潮,或将是数据要素市场化、价值化浪潮。企业数据,是社会数据的重要组成部分。公共数据开发利用已在全国诸多省份广泛开展,而今社会数据通过数据资产入表的有效刺激,将进一步市场化、价值化,这对于公共数据和社会数据融合应用是重大利好。数据要素的价值化,关键就在于"数用"。把数据用好了,让数据真正成为可用的"产品",进而成为可估的"资产",数据资产入表才有意义。数据资产入表,不是数据要素相关工作的终点,而是起点。企业数据资产入表是第一步,未来或许还有第二步、第三步,然而每一步能否迈出取决于数据要素生态体系的成熟度和数据开发利用的效果。国家既然把数据定为要素,就一定要激发其价值。第三波浪潮是大势所趋,也是根本驱动。

## 8.1.4　三层架构支撑数据要素流通体系

"数据要素价值释放、数据要素流通交易"是当下大数据领域最热门的话题。然而,构建科学的数据要素流通体系绝非易事。2022年,广东省、广西壮族自治区、贵州省、上海市等地陆续发布了数据要素市场化体系建设的思路或方案,其共性就是把数据要素市场打造成多层级立体化的架构,把数据要素流通做成链条式、系统性工程。数据要素流通体系的根本在于三个关键词，即数据、要素、流通。如果用层面来对照的话，就是资源层、价值层和流通层。

资源层是前提。整合数据资源也需要链条，即数汇—数治—数用。所谓数汇，即汇聚数据。以政务数据为例，就是基于政府一体化平台，将各个委办局、各个机关处室的政务数据进行全面汇总。所谓数治，即数据治理。仍以政务数据为例，一体化平台汇聚的各种数据，要建立各种主题库、专题库，分类分级进行管理。所谓数用，即数据应用。通过数据共享开放、开发利用等方式，还数于企、还数于民，让数据赋能数字经济、数字政府、数字社会。

价值层是核心。数据从资源到价值，其链条为数据资源—数据产品—数据资产。从资源到产品，就是要基于数据可能应用的场景，按照需求进行适度开发、加工、生产，过程机理如同传统工厂生产电视机、汽车，数据以接口、应用等产品的形式发挥效能。从产品到资产，就是让数据产品进入市场，让数据产品和货币、流动性产生关联，让数据产品的价值能够凸显，让数据产品像汽车、房产、股权、基金一样成为企业、个人可以衡量财富的资产。

流通层是保障、是动力、是发展。数据要素不同于土地、劳动力等要素，数据不流转，数据就无价值可言。数据的价值往往和其流动性成正比。共享、开放是数据流转的基础形式和常规形式，但要让数据真正市场化，数据交易是最为关键一环，也是数据流转的提升形式和必然形式。但需要注意的是，以公共数据为例，首先要做好数据的共享开放，其次要发展数据的交易流通。不能将数据全部商品化，合理有序流通才能更好地彰显数据价值。

资源、价值、流通三层之间是关联衔接的。数据资源要在数据治理之后，数据产品、数据资产和数据应用休戚相关。数据资源要共享、开放，数据产品才是数据交易的理想标的。数据交易和数据应用构成了数据要素循环的双引擎，推动数据要素在流转过程中以产品、资产的形式发挥其价值并不断迭代升级，满足更多场景需求。

"纵横不出方圆，万变不离其宗"，作为复杂的数据要素流通工程，如果能够把握资源、价值、流通，如果能够做好数汇、数治、数用，处理好数据共享、开放、交易的关系，实现数据资源到数据产品再到数据资产的转变，就等于抓住了数据要素市场化配置的"牛鼻子"。

### 8.1.5　面向数据资产时代企业需循序渐进

数据资产入表呼之欲出，数据资产时代即将到来。企业面向数据资产时代，把握机遇无疑是第一要义。"临渊羡鱼，不如退而结网"，对于大多数企业尤其是尚未完成数字化转型的传统企业，数据资产似乎可望而不可即。然而实际上，数据资产对于所有企业而言都属于全新的赛道，即便是数据领域的新丁，如若循序渐进地开展工作,数据资产时代的红利仍有望获取。数据资产不是孤立存在的,其对应的前提是数据资源和数据产品,而完成数据资产的评估、定价则需要数据应用和数据交易。基于此,企业开展数据资产相关工作,大致需要五步走。

第一步是构建资源池,可以理解为"数据牧场"。资源池不仅需要开发、汇聚企业的数据资源,还需要配合企业的平台资源和人才资源,即可以存储、处理数据的软硬件和挖掘数据的专业人才。资源池构建的目的是建立企业数据的"基础设施",将企业离散、潜伏的数据资源集成化、系统化。

第二步是打造流水线,可以理解为"数据工厂"。流水线要通过数据团队形成数据能力,从而生产数据产品。流水线构建的目的是在数据资源的基础上科学、有序地挖掘企业蕴藏的数据价值,并将其有形化、产品化。

第三步是建造巡洋舰,可以理解为"数据市场"。巡洋舰要将企业的数据产品投入市场,变成相关数据应用、数据服务,从而发现数据使用价值,继而进一步开展数据交易。巡洋舰构建的目的是将初始数据产品升级为可应用、可交易的数据产品,在数据市场进行定位,并将其商品化、价值化。

第四步是建设蓄水库,可以理解为"数据金库"。蓄水库有别于资源池,其要积蓄的是企业的数据资产。通过数据业务和数据平台的开发,企业已商品化、价值化的数据产品通过数据资产登记、评估、交易等已转换为企业的数据资产,而蓄水库的功能就是要把这些资产进行合理管理、处置,实现数据资产的保值增值,让企业的"数据金库"财富不断积累。

第五步是建立海码头,可以理解为"统一市场"。数据资产不是企业数据价值化的终点,而是起点。海码头是要让企业借助数据要素价值化扬帆出海,根据自身数据价值的优势、特点创新数据模式、数据产业,进一步构建新型数据生态,真正闯出数据蓝海。

五步走不可能一蹴而就,第五步属于远景,第一、二、三步则是大部分企业现在就可以推进的工作。资源池其实多数企业已然具备,仅质量参差不齐,而流水线的建设并不一定需要高科技做保证,数据资源的价值才决定数据产品的品质。企业找到合适的数字化合作伙伴,就可以从容打造属于自己的数据流水线。第三、四步则需要跟随潮流,依托政府指定的数据交易平台和服务机构开展相关工作。"激情澎湃走楼梯",坚实走好前几步,后面自然而然:"数据征途千山远,翘首前路万木春"。

## 8.2 数据要素市场的现状与展望

数据要素市场的建设并非一蹴而就,但是在这一过程中,加大政策支持力度、完善顶层机制设计,有利于加快这一建设过程。

### 8.2.1　全国统一大市场的建设目标

2022 年 4 月,《中共中央　国务院关于加快建设全国统一大市场的意见》(以下简称《全国统一大市场意见》)正式发布,为建设全国统一大市场做出部署。该意见明确指出,加快培育数据要素市场,建立健全数据安全、权利保护、跨境传输管理、交易流通、开放共享、安全认证等基础制度和标准规范,深入开展数据资源调查,推动数据资源开发利用[19]。

全国统一大市场的加快建设,对于数据要素市场至少有五个积极意义。一是制度建设有望提速。数据要素的盘活,制度是关键;打通制度的卡点或可激活数据要素价值。2022 年 1 月 31 日山东省人民政府公布的《山东省公共数据开放办法》就给山东数据交易市场带来了"春风"。二是标准或可互联互通。山东数据交易有限公司已经开展了大量数据产品登记,而贵阳大数据交易所在进行数据要素资源登记。殊途同归,如果全国标准统一,再辅之以区块链等技术手段,则数据产品就可以打破地域壁垒,成为全国通货。三是监管力度有望加大。以数据交易为例,灰色、地下的场外交易量要远远大于合规的场内交易量。如若加强监管,打击非法违规的数据交易,就可以为合规的数据交易"清污""引流",从而加速增长。四是市场运营手段有望提质。"全国统一大市场意见"强调了网络、渠道、平台的建设和规范,这都是目前数据市场的"短板"。以平台为例,统一的数据交易平台才能对接其他统一的市场资源,分散化不利于要素价值化。五是市场资源有望丰富。全国统一大市场关系到商品、技术、产权、资本、生态、土地等各类市场。各类市场的统一化、集约化,意味着其对应的数据资源也会集成化、价值化。

在建设全国统一大市场的浪潮中,数据要素市场应把握三个机遇。一是从数据资源调查到开发利用。"全国统一大市场意见"清晰指出了数据资源的调查意义重大,盘点好资源才能利用好资源。谁能发现资源、谁能利用资源,谁就能实现价值。二是数据跨境,即数据贸易。我国数据贸易的规模持续增长,对服务贸易的贡献率持续攀升。数据贸易市场潜力巨大,增长迅速,不是风口吹起来的"猪",而是一条"龙",可带动数据价值链全面发展。三是共享开放,尤其是公共数据。公共数据的共享开放,将带动更多场景和应用,也能促进一批特色服务行业发展。相比个人数据、企业数据,公共数据的流通交易可以走在前面,为前两者提供经验。

### 8.2.2　数据要素市场化配置的三轴三体

响应国家数据要素市场化配置的要求,各个地方陆续开展相关举措,广东省、广西壮族自治区都设计了建设性的行动方案。从方案中可见,各个地方已经充分意识到数据要素市场化是个系统工程,并非单纯地建设数据交易平台,而是要全面、深入地布局,集成各方资源,协同相关生态,规范创新地开展一系列体系性工作。具体来看,数据要素市场化要围绕三个轴(主线)打造三个体系。

三个轴首先是规范轴。数据要素是最新的生产要素,也是最有潜力的基础要素。规范管理,构建科学系统的法规、制度、标准、办法,是数据要素"立"起来的前提和基础。"没有规矩不成方圆",数据的流通应用和市场化配置,必须有法可依、有章可循。其次是创新轴。数据要素是新生事物,如果没有数字化技术,没有物联网、5G 网络、区块链、人工智能等,数据要素就成了无源之水。唯有不断创新才能激发数据要素价值,而且创新不止于技术,还包括模式、管理等各个方面。最后是发展轴。数据要素市场化配置的主要目的就是发展,为了带动数字经济、大数据产业,进一步推动全国统一大市场建设。发展是根本、是目标、是动力。

进一步探索,仅依靠三轴的数据要素市场化配置还不能立体化、不够丰满充实,因此,在三轴基础上构建三个体系在所必然。第一个体系是数据规范治理创新开发体系。这是规范轴与创新轴联合作用下必须构建的基础体系。这个体系既要解决政府监管、平台监管、行业自律的数据治理问题,还要致力于基于治理的模式创新。模式创新与规范治理是相辅相成的,创新始于规范,规范支持创新。第二个体系是场景、算力、算法资源保障体系。该体系基于规范和发展双轴。数据的流通交易和创新应用是数据要素市场化配置的主要表现形式,然而数据不是孤立存在的,必须依托场景、算力、算法等软硬件。从某种意义上来说,数据像是输送氧气的血液,而场景则像骨骼肌肤、算力像内脏、算法像大脑,几者结合才能成"人"。打造场景、算力、算法资源保障体系,是为了让数据有用武之地,让数据能成为产品、应用和服务。第三个体系是技术、人才、资金、服务生态体系。该体系基于创新和发展双轴。数据要素归根到底因人而生,和土地、劳动力、技术等传统要素一样,唯有结合技术、人才、资金、服务等其他生产要素,才能成为生态。唯有成为生态,才能绿色、循环、迭代发展,才能真正向市场化迈进。

总而言之,"三轴三体"可以成为推动数据要素市场化的有效方法,需要在多维度展开,由多主体共同推动。"政产学研金服用"共同体的推动,技术、人才、资金等相关要素在规范创新基础和场景、算力、算法保障协同作用下的融合,构建数据资源—数据产品—数据资产—数据资本的价值链,最终打造多层级数据要素交易流通市场体系。

## 8.2.3 数据要素市场的三重驱动力

数据是新生产要素,数据要素市场是新兴市场,数据要素市场化配置是新使命。面对新课题、新挑战、新任务,如何驱动是最值得思考的问题。

相较土地、技术、劳动力等传统要素已经成型的格局体系,各要素市场驱动已然系统化、标准化、成熟化，但数据要素和其他要素在属性、价值性上有着巨大差异，显然生搬硬套其他要素的市场化配置手段是不合适的，需要从客观实际、科学发展、价值导向三个维度进行设计、思考。

首先从客观实际出发，面对"白手起家"的数据要素市场，制度先行是十分必要的。制度本身就是一种驱动力。通过"数汇、数治、数通、数用"一系列法规、制度建设，一方面夯基垒台，搭建数据要素市场的制度基础。另一方面用制度和标准去引导、规范、监管市场行为，构建数据要素市场的保障体系。制度驱动，是隐性驱动力，但也是保障驱动力。

其次从科学发展出发，数据要素市场化配置是个系统工程，需要各要素的集成并打破各种瓶颈和壁垒。针对数据生命周期和"资源—产品—资产"价值链打造包括技术、人才、资金等各要素在内的综合生态体系，方能激活数据应用意识、营造数据生长环境、激发数据要素价值。生态驱动，是绿色环保的驱动力，也是高级的驱动力。

最后从价值导向出发，数据要素的流通是复合多层次的。除了共享开放，数据交易是发现数据价值最直接有效的方式。然而数据交易的真正实现"路漫漫其修远"——挖掘场景，根据需求搭建数据流通、数据应用的供需体系，并创造供给方、中间商、需求方的利益合作链条，才是数据交易行稳致远之道。而做好链条，最关键的就是利益。数据交易如果有利可图，各方参与的积极性就会提升，反之数据交易就成了"数据公益"。利益是最简单有效的驱动力，也是最根本的驱动力。

制度、生态、利益，三者实际构成了驱动飞轮。按照飞轮效应，刚开始让数据要素市场化的轮子转起来可能很费力，但是，一旦制度发力、生态续力、利益给力，飞轮就可以循环往复地旋转，并且越转越快，驱动力相互使能，从而高效持续有力地支撑数据要素市场化体系建设。

### 8.2.4　做市商的引入与数据要素市场激活

如何激活数据要素市场？从常规思维来讲，肯定要做好两个方面工作，即供给侧和需求侧。供给侧要建立规范有序的数据产品体系，需求侧要形成场景驱动的数据应用生态。这两个方面也正是目前国内各数据交易平台在着力打造的。然而，还有没有供给侧和需求侧不能直接解决又影响数据要素市场化的问题？显然答案是肯定的。从现状看，数据要素定价难、数据（产品）中间商不活跃都是客观存在且亟待解决的问题。定价难和中间商不活跃本质上是一个问题，即交易第三方的功能作用。

传统商品市场之所以活跃且定价灵活，其原因就在于交易第三方——中间商的大量存在和显著作用。作为有信用价值的第三方，其利益来源就在于价格和市场的活跃度。从某种意义上来说,中间商是一个市场活跃度的"晴雨表"。2021 年起,上海数据交易所、北京国际数据交易所、深圳数据交易公司等纷纷开始发展自己的数据中间商队伍,山东数据交易平台也于 2022 年启动了具有山东特色的数据经纪人建设。数据中间商属于新生事物,但前景广阔。无论技术型中间商还是服务型中间商抑或是平台型中间商,都将大有可为。其中,能够解决定价难、活跃度低问题的功能型中间商——"做市商"或将激活数据要素市场。

何为"做市商"?"做市商"通常是指在证券市场上,由具备一定实力和信誉的独立证券经营法人作为特许交易商,不断向公众投资者报出某些特定证券的买卖价格(即双向报价),并在该价位上接受公众投资者的买卖要求,以其自有资金和证券与投资者进行证券交易。买卖双方不需等待交易对手出现,只要由做市商出面作为交易对手方即可达成交易。做市商通过做市制度来维持市场的流动性,满足公众投资者的投资需求。做市商通过买卖报价的适当差额来补偿所提供服务的成本费用,并实现一定的利润。做市商作为源于柜台交易市场的交易制度,最早出现在 20 世纪 60 年代美国证券柜台交易市场。随着 20 世纪 70 年代初电子化即时报价系统的引入,传统的柜台交易制度演变为现代意义上的场外交易市场(OTC),并形成了规范的做市商制度。做市商的显著作用有两点,一是定价和提升市场价值,二是提供流动性。目前,国内外证券、期货、商品市场,做市商已大量存在。

数据要素市场目前没有真正意义的做市商,一方面是因为市场建立不久,而做市商目前普遍存在于衍生品市场,两者碰撞、融合需要时间;另一方面有别于成熟的金融衍生品市场,数据要素市场的底层制度正在建设中,非但做市商,就连普通的中间商目前也没有成熟的规范和标准。黑格尔曾说过"存在即合理",然而不存在并非不合理,相反或许是机会。随着数据要素市场的不断完善,补充型、提升型业态一定会建立、发展起来。做市商的特点和优势在很多领域有不可替代性,或意味着不远的将来,我们会看到"数据做市商"问世。

▶ 第**9**章

# 数据流通的挑战与应对

数字经济开创了一个数据流通在商业和社会中都发挥关键作用的时代。从实现消费者体验的个性化到推动全球公司董事会的决策,数据流通构成了数字化生态系统的命脉。然而,与所有形式的创新一样,它也存在挑战和障碍。本章首先对数据流通过程中面临的几个关键问题进行介绍,这些问题实际上覆盖了数据流通的各个环节,在前文中不同章节处也都有提及,甚至可以说是整个数字经济发展过程中都需要应对的难点。进而,针对面临的挑战提出相关的应对措施。

## 9.1 数据流通面临的问题

数据流通面临的问题实际上是横向的,涉及数据从收集、存储、传输、处理、分析到应用的全生命周期,可以从安全基础、制度建设和社会责任三个大的方面来看。

### 9.1.1 数据流通中的安全基础

在数字化时代,数据的产生是随时随地、无处不在的,同时,随着数据流通范围的扩大和数据交易规模的激增,数据隐私保护成为发展数字经济面临的重要挑战以及必须解决的问题,而且涉及个人、企业和社会的方方面面。在前文的诸多章节,已经提到数据隐私保护的重要性以及保护不当会带来的潜在风险。

#### 1. 数据安全

数据安全指的是保护数据免遭非法或未经过授权的访问和处理,防止数据被泄露、滥用、恶意篡改等,以保证数据的原始性、完整性和真实性。数据蕴含的价值和信息是数据面临安全问题的根本,也是数据需要被保护的原因。非法或未经授权的数据访问,可能是为了获得大量用户的个人信息,对个人的财产、声誉、日常生活产生潜在的威胁;也可能是为了获取企业的商业数据,会影响企业的经营、竞争和发展；还可能是为了获取一个国家的机密数据，危及国家安全。

数字化技术的发展，一方面使得各大数据中心或数据库面临更多的潜在的网络攻击，恶意勒索软件的嵌入也更加普遍和广泛。另一方面，数据量的激增、数据应用范围的扩大等，对数据存储技术的要求越来越高，相应的安全维护技术也需要及时更新，技术上的缺陷或配置上的失误都有可能造成数据泄露。再者，整个社会群体的数据安全意识还不够强，也会导致敏感数据在无意间被泄露。

**2. 数据隐私保护**

数据隐私保护指的是从收集、存储、传输、处理和应用等各个环节对个人信息的保护，避免未经授权的数据访问和使用。数据隐私保护与上文的数据安全问题经常重叠，但不完全相同。数据隐私保护关注的重点是数据特别是个人数据是否得到了使用的权限，而数据安全侧重于保护数据免遭泄露、未经授权的访问等。

整个社会数字化程度的提升，使得实时实地收集每个人的数据变得非常容易。虽然部分数据并非个人敏感数据，但不可避免地涉及个人标识符（如姓名、身份信息、通信地址等）、行为数据（如搜索历史、消费偏好等）甚至是个人财务数据。除了对个人数据的直接采集，数字化平台或其他机构之间的数据流通和共享，会导致不同源头的数据片段汇集在一起。通过对更全面数据的分析，数据使用者可以刻画出更精准的个人画像，即便最初的数据是匿名的、脱敏的，不同数据集的合并和交叉比对可能会带来数据的去匿名化。

## 9.1.2　数据流通中的制度建设

对于各种经济活动，技术与制度发挥着相辅相成的作用。技术进步是经济增长、创新研发的根本推动力，与此同时，需要设计相关的机制体制，从制度上来引导和规范技术带来的新变化。数据流通的合规性以及各个国家出台的相关法律法规，都旨在为数据流通提供顶层的机制设计。

**1. 数据流通的合法合规性**

数据流通的合法合规性指的是数据的收集、存储、传输、处理和应用等全生命周期流程符合相关法律法规、条例规则等。随着数据价值不断被挖掘，确保其在流通和交易中合法合规使用成为推动数据大规模商业化应用的基础。

在数据合法合规性使用时，数据产权的界定和保护是对数据流通和交易的基本要求。随着数字化的纵深发展，个人、企业和组织在收集与处理数据时必须同时遵守多个法域的规定。下文"数据跨境流通的规制差异"涉及不同国家或地区对数据流通的差异化规定；不同行业也会根据行业特点制定数据流通相关的标准和规定。鉴于数字化技术和数据应用更新速度快，相关法律法规和技术标准的及时跟进也是数据流通合法合规性需要解决的问题。

合法合规问题贯穿于数据流通的各个环节。数据进入流通、共享和交易的环节，都需要以合法合规为前提与基础。这直接关系到数据交易各个参与主体面临的法律风险，进一步是个人、企业或组织在经济上的损益以及信誉的维持等。尽管制定和遵从数据流通相关法律法规需要较高的费用，但制度的缺失会直接影响数据流通和交易市场的健康发展。

**2. 数据跨境流通的规制差异**

数据跨境流通指的是数据从一个国家传输到另一个国家。从表面上来看，仅仅是数据在不同国家之间的流通；但是这背后涉及各个国家数据流动相关的法律法规、技术标准甚至是社会文化。

数据的跨境流通面临不同国家的规制要求是自然的。因为法律制度体系、经济发展水平、数字化进程不同，各个国家或地区会对数据流通出台差异化的法律法规。出于国家安全、公民隐私保护、数据主权等因素的考虑，也会对数据的跨境流通设置不同程度的限制。再者，数据的应用涉及相对复杂的数字化技术，各个国家会采用不同的技术框架或标准，由此，数据的易用性、可操作性、兼容性等都会影响数据的跨境流通。但是相比制度环境的差异，技术对数据跨境流通的限制相对较小。

不同国家的规制差异对数据流通的影响主要集中在国际层面。在经济全球化的背景下，跨国公司在全球各地的子公司既需要遵守当地的数据流通法律法规，还要实现与公司业务的对接，子公司之间哪些数据可以传输即为基本问题之一。跨境电子商务平台直接涉及消费者的权益，对于平台采集到的消费者数据是否可以使用、如何使用也涉及数据跨境流通的规定。以上经济影响都来自数据跨境流通的规制差异，从长远来看也有可能影响国际贸易以及全球数据交易市场的建设。

## 9.1.3 数据流通中的社会责任

数字经济的发展应该是普惠的、包容的。但是，若从全社会不同层面的基础禀赋出发，数字化技术的应用、数据的流通会遵循效率最高的方式，则需要对数据流通的公平性、均等化进行考量，这是数据流通中的社会责任问题。数据壁垒（data barrier）和数字化鸿沟（digital divide）均与数据流通是否受限、是否公平相关，但两者也存在一定的差异。

**1. 数据壁垒**

数据壁垒指的是数据在不同主体之间的流通或共享存在障碍。不同主体的指代范围较广，例如，不同的国家、组织或企业是不同的主体，其相互之间也是不同的主体；企业内各个部门之间也可以是不同的主体；政府各机构之间也属于不同的主体。数据壁垒在上述情况中均有可能出现。

出于维护自身利益的考虑而限制数据的流通,是数据壁垒出现的主要原因之一。数据对社会经济活动的价值已经毋庸置疑,企业对数据价值的认知也不断增强,隐藏数据实际上也是对商业秘密的保护。在法律层面,限制高安全级别数据流通也会带来数据壁垒,但是数据隐私保护和安全维护是数据流通的前提。除此之外,技术标准差异、数据易用性差等原因也会影响数据的互联互通,产生数据壁垒问题。

数据壁垒对数据流通的影响是多方面的。数据流通是数据价值释放的途径,长期处于"静置"状态的数据无法在整个社会层面发挥作用。数据在推动创新、提高资源配置效率等方面的影响力,都是以其应用和流动为基础的,不同主体之间的数据共享可最大化数据的价值或效能。同时,数据壁垒也增加了数据交易的费用,不利于数据流通的市场化演进。数据壁垒还会扩大跨境数据流通的规制差异,增加企业在跨境数据流通中面临的合法合规风险。

### 2. 数字化鸿沟

数字化鸿沟指的是不同群体、地区或国家在访问以及使用数字化技术和数据时存在的差距。数字化鸿沟和数据壁垒都涉及数据流通有阻碍的情况,但是数字化鸿沟的侧重点是不具备访问数据资源的条件,数据壁垒更多地集中在主观上不希望数据无限制流通。

经济发展水平或经济实力相对较低是数字化鸿沟产生的直接原因,其他因素都与此相关联。在全球范围内,贫困地区的数字化水平尚处于未开化状态,欠发达地区处于推进数字化的初期阶段,而发达地区对数据的开发应用已经非常成熟且持续迭代更新。在企业层面,规模大、实力雄厚的企业相比小企业,在数字化基础设施建设、数字化平台搭建以及数据全生命周期应用上具有明显的优势。从地理位置来看,偏远地区接入信息基础设施如互联网、移动通信网络等有困难,再加上其本身经济基础较差,可能当地无法承担相关的建设费用。对于很难接触到数字化技术和数据前沿知识的人群,更难以形成相关意识,无法实现向数字化人力的转换。

数字化鸿沟本身即表现为数据流通的不均等、规模受限,相应的数据交易市场规模也会受到影响。经济欠发达地区实际上具备较大的数字化发展红利空间,在没有额外资金、人力、政策支持的情况下,很难激发出数字化相关的经济增长点,这一部分地区的数据交易市场潜力有待开发、规模有待扩大。同时,又因为这部分人群无法或较少访问数字化技术和数据,他们自身所承载的信息或数据并没有汇集至整体的数据库,使用不全面的数据对社会问题的分析会存在偏差。数字化鸿沟的存在,还会进一步扩大地区之间经济、文化等的差距,位于数字经济前沿的地区具有指数级的增长空间,而数字经济边缘地区会错失诸多发展机会。

## 9.2　数据流通问题的应对举措

要解决数据交易面临的问题，需要在多个方面努力，涵盖了法律法规、技术以及教育培训等层面。

### 9.2.1　法律法规层面

制度对技术的发展有着引导和规范的作用，数据流通是新业态、新模式，更需要从制度层面提供保障，这体现为通过制定和出台系统性、有针对性的法律法规与规章制度，以促成合法合规、安全可信的数据流通和交易环境。

**1. 数据安全和隐私保护**

制定数据安全和隐私保护政策，确保数据流通和交易过程中的安全性与隐私保护。从安全角度，对于数据流通和交易主体需要遵守的安全准则、加密标准等进行明确，出台相应的标准或规则。在隐私保护方面，需要明确个人隐私权的保护原则以及数据的使用原则。在数据流通和交易的过程中，数据来源方需要明确知晓他们的数据即将被使用以及如何被使用，而数据加工方、数据持有方则应该提供详细且易于理解的数据使用条款，并得到数据来源方的授权。数据来源方在提供数据之后，对其个人数据依然留存相应的权利，如要求从服务器或数据库中删除、将其迁移至其他的平台或数据库中，数据持有方应该满足上述要求。我国出台的《中华人民共和国数据安全法》《中华人民共和国个人信息保护法》，欧洲的《通用数据保护条例》(*General Data Protection Regulation*，GDPR)、美国的《加州消费者隐私法》(*California Consumer Privacy Act*，CCPA)等都是数据安全和隐私保护的相关法律法规。

**2. 数据所有权的界定和保护**

鉴于数据所有权的界定和保护是数据流通与交易的基础及难点，这方面的制度建设同样重要。事实上，该问题和数据隐私保护问题是相关联的。明确数据的所有权和授权关系是解决数据交易问题的关键，制定明确的数据使用协议，规定数据的所有权、使用范围、期限等；建立授权机制，数据来源方需要明确地授权数据使用方使用其数据，授权可以是一次性的或是设定时间限制的；签订具有法律效力的文件，明确数据流通参与各方的权利和义务。

在数据的流通和交易过程中，其还可能与知识产权的保护产生联系，如数据中可能包含受到版权保护的内容。对于这种情况，数据流通和交易的主体还需要遵循知识产权相关的法律法规。对于涉及商业秘密的数据，数据持有方和使用方也应该保障商业秘密不被泄露。

### 3. 数据的共享和开放

数据共享和开放属于数据流通,并不一定发展为数据交易,但对于数据的价值实现有重要意义。对于数据的共享和开放,激励、约束和标准等都是制度层面需要考虑的问题。数据的共享和开放依然需要在数据合法合规、安全的前提下使用,由此对于数据共享和开放的条件、范围与规则需要明确,以保障数据来源方和数据持有方的权益。数据的标准化有利于数据的共享和开放,包括数据格式、命名方法、存储格式等相关标准也应该出台,以推动数据的易用性和互操作性,降低数据流通的交易成本。

制定鼓励数据开放的政策,如税收优惠、项目支持、资金支持、研发补贴等,以增进个人、企业和组织分享数据的意愿。公共数据的开放与共享可以走在前面,在公共部门的主导下,制定公共数据开放的流程和标准,集合各类公共数据资源,开发为数据产品,免费提供给公众,以促进数据的流通,实现数据对社会经济发展的推动作用。

### 4. 数据交易市场生态体系

法律框架和合规措施是规范数据交易所必需的,特别在数据交易市场建设初期,制定科学有效的数据交易规则能够确保交易的合法合规性、安全可靠性,切实保障数据交易主体的权利。在前文对场内交易的介绍中已经提及,数据交易所或数据交易平台等场内交易市场相比场外,是相对规范的,需要遵循特定的交易规则或流程,而这正是法律法规需要明确的。对于数据交易合同,需要明确规定数据的交易价格、适用范围、使用期限等,从合同上减少交易纠纷;同时提供对未尽事宜或交易中纠纷的解决方案,如通过仲裁或诉讼机制等。

对于数据交易平台,同样需要制定法律法规来规范其运营。通过监管机制的建设,设立专门的监管机构监督数据交易市场,确保平台运营的合法合规性、安全性和透明性。根据交易类型制定交易规则、监测交易活动,防止数据滥用以及不正当竞争等。数据交易所和数据交易平台可定期发布运营报告,辅助政府和监管部门了解数据交易市场动态,并进行政策上的调整。

对于数据的跨境流通与交易,需要充分发挥国际组织的协调作用,推动各个国家在数据跨境流通与交易上的合作,制定数据跨境流通的合作机制、保护协定以及交易规则等。

## 9.2.2　技术层面

技术是数字经济发展的底层支撑,也是解决数字经济发展、数据流通和交易面临的问题的有效手段。制度与技术相辅相成,才能够推动合法合规、安全有效的数据流通和交易。

### 1. 数据安全和隐私保护

针对数据安全和隐私保护，加密技术能够确保数据在传输和存储过程中免遭篡改，通过加密算法对数据进行加密，授权用户才可解密访问相关数据；设定严格的身份认证和授权机制，确保数据的访问仅限定于符合验证条件的用户，多因素认证和访问控制可以进一步提高数据安全性。隐私计算，其核心功能就是实现数据的"可用不可见，可算不可识"，对敏感信息进行脱敏或去标识化处理，在保护隐私数据的前提下用于分析和交易。

### 2. 数据质量和可靠性

在数据质量和数据管理方面，对数据进行清洗、去重和校验等预处理工作，可以提高数据的质量和准确性，从源头上保证数据无误差，能够反映实际情况，不包含错误或虚假信息。对数据进行标准化处理，确保数据的来源、定义和关系得到维护，减少数据歧义，降低数据在不同环境和应用中的不一致性，以及可能导致的数据冲突和混淆问题。在数据交易中引入验证机制，确保数据的及时性、真实性和可信度，保证数据符合预期用途、不包含无关信息。技术可以提高数据分析的效率和准确性，用数据分析工具和算法，从交易数据中提取有价值的信息，帮助用户做出更明智的决策。

### 3. 数据交易市场生态体系

在数据交易中，可解释性和透明度是确保数据使用合法合规的重要前提，技术可以提供可解释性的结果和过程。选择或开发可解释性强的算法，使得数据分析的过程和结果更容易理解；提供数据追踪和可视化工具，让用户能够了解数据的流通和使用情况。区块链技术能够解决数据交易中的信任和透明性问题，确保交易的安全性和可追溯性。区块链可以提供去中心化的交易记录，保证数据交易的不可篡改性，防止数据被篡改；使用智能合约自动执行合同条款，确保数据交易的透明和准确，减少纠纷；建立基于区块链的数据共享平台，允许数据提供者和使用者安全地交换数据，增加信任。

### 4. 数据壁垒和数字化鸿沟

为了解决数据交易中的数据壁垒和数字化鸿沟问题，以技术为支撑可以实现更开放和平等的数据共享。提供开放的数据接口，使不同平台和应用能够方便地访问与交换数据；利用数据集成技术，将不同来源的数据进行整合，提供一致的数据视图；制定数据交换标准，使数据在不同系统之间无缝传输和共享。

## 9.2.3　教育培训层面

当我们提到"数字化"，很容易想到的是高科技企业、大型数据中心和先进的算法。但实际上，数字化的真正驱动力是数以亿计的普通人。无论是社交媒体上的一条状态更新,还是智能手表上的健康追踪数据,每个人都在每时每刻产生和贡献数据。个体为数字化世界提供了独特的数据和内容,同时也是这些人使数字化产品和服务成为可能。个体还是数字化技术的实践者,他们使用各种数字化工具和平台,推动其不断进化。例如,用户的反馈可以带来软件更新和优化。没有用户积极地参与,很多技术可能永远不会从实验室走向市场。此外,个体还是数字化的传播者。口碑和分享对于新技术与应用的传播至关重要,人们通过与家人、朋友和同事的交流,推动了数字化技术的普及。

有鉴于此,每个个体在数字化进程中承担相应的责任。他们的行为、选择和决策对数字化生态系统的健康与稳定起到关键作用。错误信息的传播、不负责任的网络行为以及对隐私和安全的忽视,都可能给数字化社会带来严重的后果。因此,从个人层面,个体需要具备基本的网络安全意识和技能,以保护自己的信息和资产,以减少网络欺诈、数据泄露和其他网络安全威胁带来的损失。面对大量的信息,如何分辨真实与虚假信息,筛选有价值的内容,是一个至关重要的技能。更重要的是,个体可以通过有效地使用数字化工具,以提高工作、学习和生活的效率。从社会层面,则意味着教育和培训在数字化时代尤为重要。每个人都需要被赋予必要的知识和技能,以确保他们能够明智、安全和高效地在数字世界中导航。

政府通过制定和实施有关数字化教育与培训的政策,确保每个人都能获得相应的机会;提供资金支持和资源,如开设免费的数字技能培训课程或工作坊;强调网络安全和信息安全的重要性,并加强公众宣传。建立数据培训和教育政策,提高公众和从业者的数据素养与意识。引入数据伦理和道德培训,帮助数据交易参与者理解数据交易中的伦理问题,引导他们在数据交易中遵循道德准则。提供数据技术培训,帮助数据提供者和使用者掌握数据加工、清洗、分析等技术,提高数据交易的效率和质量。

企业需要对员工进行必要的培训,确保他们能够有效地使用工作中所需的数字化工具;设计并维护自己产品和服务的用户教程,帮助用户更好地理解和使用;提高自己的产品和服务的安全性,以保护用户的数据和隐私。提供数据分析和技术培训,提升从业者的数据分析能力和技术水平。这有助于更好地理解数据交易的价值,并有效地利用数据资源。开展关于数据法律和合规的培训,使数据交易参与者了解相关法律法规,避免违法行为,保障数据交易的合法性。

对于教育机构,建立针对不同层次和领域的数据教育与培训计划,提供关于数据价值、隐私保护、伦理等方面的培训课程。将数字化技能融入教育课程,从小培养学生的数字化意识和技能;对教育者提供培训,确保他们具备教授数字化技能的能力;与企业和政府合作,了解最新的技术趋势和市场需求,确保教育内容的及时性和相关性。为有创新意愿的人们提供数据创新和创业培训，引导他们发现数据交易中的商机，推动数据驱动的创新发展。为数据交易平台的使用者提供培训，教育他们如何正确地使用平台进行数据交易，保障交易的安全和可靠。建设丰富的数据教育资源，包括在线课程、教材、培训视频等，以便更多人能够获取有关数据交易的知识和信息。

# 参 考 文 献

[1] 黄少安,王晓丹."数字化经济":基本概念、核心技术和需要注意的问题[J].山东社会科学,2023(1):82-88.

[2] MITCHELL T. Machine Learning[M]. New York:McGraw-Hill,1997.

[3] 国家标准化管理委员会.国家新一代人工智能标准体系建设指南[S/OL].(2020-08-04)[2021-03-05]. https://www.gov.cn/zhengce/zhengceku/2020-08/09/5533454/files/bf4f158874434ad096636ba297e3fab3.pdf.

[4] 全国信息技术标准化技术委员会.信息技术:大数据:数据分类指南:GB/T 38667—2020[S/OL].北京:中国标准出版社,2020(2020-04-28)[2021-07-03]. https://www.nssi.org.cn/nssi/front/111575543.html?eqid=a50ffd4f00053b2300000005645db1ec.

[5] CHANG W,BOYD D,NIST N. NIST Big Data Interoperability Framework:Volume 6,Big Data Reference Architecture[Version 2],Special Publication(NIST SP),National Institute of Standards and Technology,Gaithersburg,MD[EB/OL].(2018-06-26)[2023-08-30]. https://doi.org/10.6028/NIST.SP.1500-6r1.

[6] LIU F,TONG J,MAO J,et al. NIST cloud computing reference architecture,National Institute of Standards and Technology,Gaithersburg,MD[EB/OL].(2011-01-01)[2023-08-30]. https://doi.org/10.6028/NIST.SP.500-292.

[7] 中国电子技术标准化研究院.云计算标准化白皮书[S/OL].[2022-04-27]. http://www.cac.gov.cn/files/pdf/baipishu/CloudStandardization.pdf?eqid=9074f59c00037a4e00000004647d9f4a.

[8] 深圳市发展和改革委员会.深圳市培育发展半导体与集成电路产业集群行动计划(2022—2025 年)[EB/OL].(2022-06-06)[2022-10-11]. http://fgw.sz.gov.cn/zwgk/zcjzcjd/zc/content/post_9854518.html.

[9] Siemens EDA. IC design in digital transformation[EB/OL].(2022-03-17)[2023-06-30]. https://resources.sw.siemens.com/en-US/white-paper-ic-design.

[10] 黄少安.马克思劳动价值论的时代意义[N].人民日报,2022-08-15(09).

[11] 蔡继明,刘媛,高宏,等.数据要素参与价值创造的途径:基于广义价值论的一般均衡分析[J].管理世界,2022,38(7):108-121.

[12] 弗若斯特沙利文(北京)咨询有限公司,头豹信息科技南京有限公司,大数据流通与交易技术国家工程实验室,等.2023 年中国数据交易市场研究分析报告[R/OL].(2023-11-30)[2023-12-21]. http://xxzx.guizhou.gov.cn/dsjzsk/zcwj/202312/t20231204_83179831.html.

[13] 中华人民共和国工业和信息化部.对十四届全国人大一次会议第 0483 号建议的答复[A/OL].(2023-08-08)[2023-11-17]. https://wap.miit.gov.cn/zwgk/jytafwgk/art/2023/art_7a68b18493204373a87d808fd8f50c29.html?from=qcc.

［14］ 湛江市政务服务数据管理局.广东首个公共数据与社会数据融合产品"全联进贸通""入市：交易［A/OL］.（2022-10-06）［2023-01-29］. https://www. zhanjiang. gov. cn/zsj/gkmlpt/content/1/1675/mpost_1675271. html♯342.

［15］ Grand View Research. Data marketplace platform market size，share & trends analysis report，2030 ［EB/OL］.［2023-09-16］. https://www. grandviewresearch. com/industry-analysis/data-marketplace-market-report.

［16］ CHANG W，GRADY N. NIST Big Data Interoperability Framework：Volume 2，Big Data Taxonomies，Special Publication（NIST SP），National Institute of Standards and Technology，Gaithersburg，MD［EB/OL］.（2019-11-18）［2023-10-30］. https://doi. org/10. 6028/NIST. SP. 1500-2r2.

［17］ 沈艳，张俊妮. 数据流通的挑战与应对［J/OL］.（2022-09-30）［2023-05-11］. http://nsd. pku. edu. cn/sylm/gd/526294. htm.

［18］ JONES C I，TONETTI C. Nonrivalry and the economics of data［J］. American Economic Review，2020，110（9）：2819-2858.

［19］ 中共中央 国务院. 中共中央 国务院关于加快建设全国统一大市场的意见［A/OL］.（2022-04-10）［2022-05-19］. https://www. gov. cn/zhengce/2022/04/10/content_5684385. htm.